Sandra Jacob
Karlheinz Rohe
Walter Scheffczik

Mathematik 6 differenziert und kompetenzorientiert

Über 500 editierbare Aufgaben
in drei verschiedenen
Schwierigkeitsstufen

Die Autoren:

Sandra Jacob – Fachlehrerin für Mathematik, Sport und Kunst

Karlheinz Rohe – Lehrer in der Sekundarstufe, Schulleiter

Dr. Walter Scheffczik – Fachlehrer für Mathematik, Wirtschaft und Technik, pädagogischer Leiter im Studienseminar für die Lehrämter an Grund-, Haupt- und Realschulen

Gedruckt auf umweltbewusst gefertigtem, chlorfrei gebleichtem und alterungsbeständigem Papier.

2. Auflage 2017
Nach den seit 2006 amtlich gültigen Regelungen der Rechtschreibung
© Auer Verlag
AAP Lehrerfachverlage GmbH, Augsburg
Alle Rechte vorbehalten
Das Werk und seine Teile sind urheberrechtlich geschützt. Jede Nutzung in anderen als den gesetzlich zugelassenen Fällen bedarf der vorherigen schriftlichen Einwilligung des Verlages. Hinweis zu § 52 a UrhG: Weder das Werk noch seine Teile dürfen ohne eine solche Einwilligung eingescannt und in ein Netzwerk eingestellt werden. Dies gilt auch für Intranets von Schulen und sonstigen Bildungseinrichtungen.
Illustrationen: Steffen Jähde
Satz: Typographie & Computer, Krefeld
Druck und Bindung: Franz X. Stückle Druck und Verlag GmbH, Ettenheim
ISBN 978-3-403-**07584**-4

www.auer-verlag.de

Inhalt

Vorwort	4
Hinweise zur Benutzung	4
Teiler und Vielfache	6
Arbeitsblätter	6
Tests	11
Bruchzahlen	15
Arbeitsblätter	15
Tests	22
Multiplikation und Division von Brüchen	26
Arbeitsblätter	26
Tests	32
Addition und Subtraktion von Brüchen	36
Arbeitsblätter	36
Tests	42
Grundrechenarten in der Bruchrechnung	46
Arbeitsblätter	46
Tests	51
Dezimalbrüche	55
Arbeitsblätter	55
Tests	61
Geometrie	65
Arbeitsblätter	65
Tests	69
Gesamtwiederholung	73
Arbeitsblätter	73
Tests	80
Lösungen der Arbeitsblätter	84
Teiler und Vielfache	84
Bruchzahlen	85
Multiplikation und Division von Brüchen	86
Addition und Subtraktion von Brüchen	87
Grundrechenarten in der Bruchrechnung . . .	87
Dezimalbrüche	88
Geometrie	89
Gesamtwiederholung	90
Lösungen der Tests	92
Teiler und Vielfache	92
Bruchzahlen	92
Multiplikation und Division von Brüchen	93
Addition und Subtraktion von Brüchen	93
Grundrechenarten in der Bruchrechnung . . .	94
Dezimalbrüche	94
Geometrie	95
Gesamtwiederholung	96

Alle Inhalte befinden sich zusätzlich als editierbare Word-Dateien auf der beiliegenden CD-ROM.

Die Vorlagen auf CD sind optimiert für Microsoft® Office 2007 SP3 basierend auf Windows 7 oder höher.

Um unsere Word-Daten korrekt betrachten, bearbeiten und ausdrucken zu können, benötigen Sie Microsoft® Office 2007/Microsoft® Word 2007 oder höher. Desweiteren ist das Word-AddOn MathType notwendig, welches Sie zum kostenfreien Download hier finden: https://mathtype.de.softonic.com/

Vorwort

Vorweg einige Gedanken zum Band „**Mathematik 6 differenziert und kompetenzorientiert**". Nachdem Sie mit Ihren Schülern[1] mathematische Inhalte erarbeitet haben, muss in der Übungsphase eine Vertiefung und Festigung stattfinden, damit das neu gewonnene Wissen nachhaltig verankert wird. Mit den vorliegenden Arbeitsblättern und Tests erhalten Sie kompetenzorientierte Aufgaben.

Kompetenzorientierung in der Übungsphase

Damit die Kompetenzorientierung in Ihrem Unterricht ganz einfach gelingt, sind den einzelnen Aufgaben die entsprechenden Kompetenzbereiche zugewiesen. Dabei handelt es sich um die verschiedenen Kompetenzschwerpunkte (von K1 bis K6) der bundesweit geltenden Bildungsstandards der Kultusministerkonferenz.

K1 Mathematisch argumentieren

K2 Probleme mathematisch lösen

K3 Mathematisch modellieren

K4 Mathematische Darstellungen verwenden

K5 Mit symbolischen, formalen und technischen Elementen der Mathematik umgehen

K6 Mathematisch kommunizieren

In der Kopfzeile finden Sie Kompetenzen, die für die folgenden Aufgaben relevant sind. Mit K1, ..., K6 sind Aufgaben gekennzeichnet, bei welchen nur die angegebene Kompetenz geübt wird.

Differenzierung im Fachunterricht Mathematik

Auch unterschiedlichen Leistungsniveaus innerhalb Ihrer Lerngruppe können mithilfe dieses Bandes ohne Probleme gerecht werden. Dazu liefert Ihnen der vorliegende Band über 400 Aufgaben in drei verschiedenen Schwierigkeitsniveaus. Dabei ist sowohl Einzel-, Partner- als auch Gruppenarbeit möglich.

Die Aufgaben sind nach leicht (*), mittelschwer (**) und schwieriger (***) klassifiziert. Besonders leistungsfähige Schüler können sich z. B. mit weiterführenden Aufgaben beschäftigen, während ihre Klassenkameraden in ihrem individuellen Tempo weiterarbeiten.

Daten zur Bearbeitung

Auf der beiliegenden CD finden Sie sämtliche Aufgaben in editierbarer Form. Dies erleichtert Ihnen die individuelle Anpassung an Ihre Lerngruppe.

Hinweise zur Benutzung

➡ **Wann setze ich die Arbeitsblätter ein?**

Die Arbeitsblätter für den Mathematikunterricht eignen sich besonders dafür, nach der grundsätzlichen Behandlung einer Unterrichtseinheit mit dem eingeführten Lehrbuch die Phase des vertiefenden Übens zu begleiten.

---

[1] Aufgrund der besseren Lesbarkeit ist in diesem Buch mit Schüler auch immer Schülerin gemeint, ebenso verhält es sich mit Lehrer und Lehrerin etc.

Sie können in Freiarbeitsphasen eingesetzt werden und eignen sich ebenso für die persönliche Vorbereitung eines Leistungsnachweises.

➡ Für welche Arbeitsformen eignen sich die Arbeitsblätter?

Das reichhaltige Angebot an Aufgaben lässt Einzelarbeit, Partnerarbeit, arbeitsteilige und arbeitsgleiche Gruppenarbeit sowie innere und äußere Differenzierung zu.

➡ Tests ([T] bzw. [T])

Nach einer Aufgabensammlung zu einem Thema werden Tests angeboten. Diese Tests sind als Leistungsnachweise in der Schule erprobt und stellen Vorschläge dar. Einfachere Tests wurden mit einem [T] gekennzeichnet. Besonders anspruchsvolle Tests finden Sie unter dem Icon [T].

➡ Gesamtwiederholung

Am Ende des Bandes finden Sie als Abschluss eine Aufgabensammlung einschließlich Tests, die den gesamten behandelten Stoff noch einmal wiederholt.

➡ Lösungen

Die Lösungen für alle Aufgaben der Arbeitsblätter und der Tests sind im Anhang übersichtlich abgedruckt.

➡ Benutzung von Taschenrechner und Formelsammlung

Für die Arbeit mit dem Band ist die Benutzung eines Taschenrechners nicht notwendig.

Teiler und Vielfache

1. Stelle fest, ob folgende Aussagen wahr oder falsch sind.
- a) 6 | 84
- b) 12 | 132
- c) 15 | 190
- d) 3 | 356
- e) 20 | 560
- f) 14 | 112

2. Übertrage in dein Heft und setze dann das richtige Zeichen.
($\in$ „ist Element" oder $\notin$ „ist nicht Element")
- a) 15 T_{90}
- b) 19 V_{38}
- c) 175 V_{25}
- d) 110 V_3
- e) 25 T_{450}
- f) 12 T_{156}

3. Bestimme den ggT und das kgV.
- a) 25; 30
- b) 28; 77
- c) 36; 24; 16

4. Eine Familie geht spazieren. Der Vater hat eine Schrittlänge von 80 cm, die Mutter von 60 cm und der Sohn von 50 cm.
Nach welcher Weglänge treten alle drei direkt nebeneinander auf?

5. Stefan will für seinen kleinen Bruder Bauklötze basteln. Er hat zwei kleine Holzbalken, die 24 cm und 30 cm lang sind. Stefan möchte, dass alle Bauklötze gleich lang werden. Außerdem will er keinen Rest übrig behalten.
Wie lang kann Stefan die Bauklötze höchstens machen?

6. Suche die Primzahlen heraus.
21; 93; 37; 44; 83; 29; 1; 27; 82; 2; 33

7. Bestimme die Teilermengen.
- a) T_{24}
- b) T_{30}
- c) T_{23}

8. Schreibe die ersten sieben Elemente der Vielfachenmengen auf.
- a) V_{16}
- b) V_{31}
- c) V_{26}

9. Berechne.
- a) kgV (20; 30)
- b) ggT (28; 42)
- c) kgV (6; 11)
- d) ggT (25; 32)
- e) kgV (16; 20)
- f) ggT (60; 100)

10. Gib in aufzählender Form an.
- a) T_{54}
- b) V_{14}
- c) V_{26}
- d) V_{19}
- e) T_{144}
- f) T_{52}
- g) T_{84}
- h) T_{150}

11. Notiere die Menge der Primzahlen zwischen 25 und 65.

AB Teiler und Vielfache

K3
K5

12. Notiere im Heft, welche der Zahlen durch die anfänglich genannte Zahl teilbar sind.
   a) durch 2: 45 796 / 62 795 / 4 780 / 29 756 / 765 073
   b) durch 5: 47 635 / 95 003 / 5 058 / 10 280 / 739 345
   c) durch 4: 57 932 / 87 114 / 200 028 / 716 908 / 936 226
   d) durch 10: 345 025 / 9 730 / 27 500 / 519 002 / 382 045
   e) durch 3: 41 803 / 22 715 / 497 316 / 2 005 002 / 72 969

13. Kreuze die Vielfachen
   von 7 grün an,
   von 8 rot an,
   von 9 blau an,
   von 11 gelb an,
   von 15 schwarz an.

11	12	13	14	15	16	17	18	19	20
21	22	23	24	25	26	27	28	29	30
31	32	33	34	35	36	37	38	39	40
41	42	43	44	45	46	47	48	49	50
51	52	53	54	55	56	57	58	59	60
61	62	63	64	65	66	67	68	69	70
71	72	73	74	75	76	77	78	79	80
81	82	83	84	85	86	87	88	89	90
91	92	93	94	95	96	97	98	99	100

14. Kennzeichne die Zahlen,
   a) die durch 9 ohne Rest teilbar sind, mit $\bigcirc$,
   b) die durch 3 ohne Rest teilbar sind, mit X.

4 578   57 986   975 864   35 874
27 441   354 574   7 685   63 385
        152 736
48 798   37 761   17 724
         736 254   8 952
26 044   641 764   85 428

15. Übertrage ins Heft und notiere, ob die jeweiligen Aussage wahr (**w**) oder falsch (**f**) ist.
   a) 2 | 2 649, ___
   b) 5 | 23 765, ___
   c) 10 | 57 390, ___
   d) 4 ∤ 6 000, ___
   e) 21 ∤ 68 475, ___
   f) 8 | 93 456, ___

16. Suche aus der Tabelle die Primzahlen heraus und notiere sie im Heft.

1	2	3	4	5	6	7	8	9	10	11	12	13	14	15
16	17	18	19	20	21	22	23	24	25	26	27	28	29	30
31	32	33	34	35	36	37	38	39	40	41	42	43	44	45
46	47	48	49	50	51	52	53	54	55	56	57	58	59	60
61	62	63	64	65	66	67	68	69	70	71	72	73	74	75

Teiler und Vielfache

K3
K5

* 17. Bestimme jeweils das kleinste gemeinsame Vielfache.

    a) kgV (8, 12)   d) kgV (15, 60)
    b) kgV (21, 14)   e) kgV (32, 80)
    c) kgV (24, 16)   f) kgV (45, 30)

    Mögliche Ergebnisse: 15, 21, 24, 40, 42, 48, 60, 90, 160

‡ 18. Zwei gleich lange Schienen sollen mit Schrauben verbunden werden. Eine Schiene hat Bohrungen im Abstand von 6 cm, die andere im Abstand von 8 cm.

    a) In welchem Abstand (in cm) vom Rand befindet sich das erste gemeinsame Loch?
    b) In welchen Abständen kann man Schrauben einsetzen, ohne zusätzlich bohren zu müssen, wenn die Schienen 150 cm lang sind?
    c) Wie viele Schrauben können eingesetzt werden?

K2

‡ 19. Überprüfe die folgenden Aussagen mit der Summenregel.
    Beispiel: 12 | 378 → falsch, weil 360 : 12 w
                                        18 : 12   f

    a) 8 | 368   c) 7 | 310
    b) 13 | 299   d) 12 | 2 652

‡ 20. Überprüfe auf Teilbarkeit durch 2, 3, 4, 5, 9, 10 und 25.
    Begründe deine Entscheidung jeweils kurz.

    a) 718   b) 3 600   c) 825   d) 78 507

    e) Ermittle eine durch vier der oben angegebenen Zahlen teilbare Zahl. Lasse einen Partner auf Teilbarkeit überprüfen. Prüfe anschließend mit der vom Partner gegebenen Zahl auf Teilbarkeit.

K1

K6

‡ 21. Übertrage die Tabelle in dein Heft und setze richtig ein.

ggT	6	8	15	24
12	6			
16				
18				
20				

‡ 22. Bestimme alle zweistelligen Vielfachen von

    a) 20   b) 25   c) 27   d) 34.

‡ 23. Überprüfe die unten angegebenen Zahlen in einer Tabelle im Heft auf ihre Teilbarkeit durch 2, 3, 4, 5, 6, 9, 10, 25.

    a) 14 625   b) 9 664   c) 95 600   d) 876 250

‡ 24. Bestimme das kgV und den ggT.

    a) von (42; 63)   c) von (32; 18; 12)
    b) von (36; 16; 24) d) von (80; 48; 72)

Teiler und Vielfache

25. Übertrage in dein Heft und ergänze den Teilbarkeitsgraphen.

a)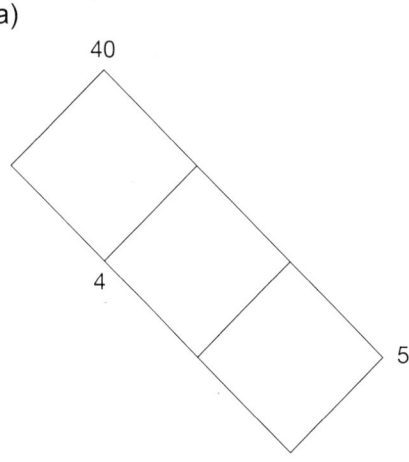

b)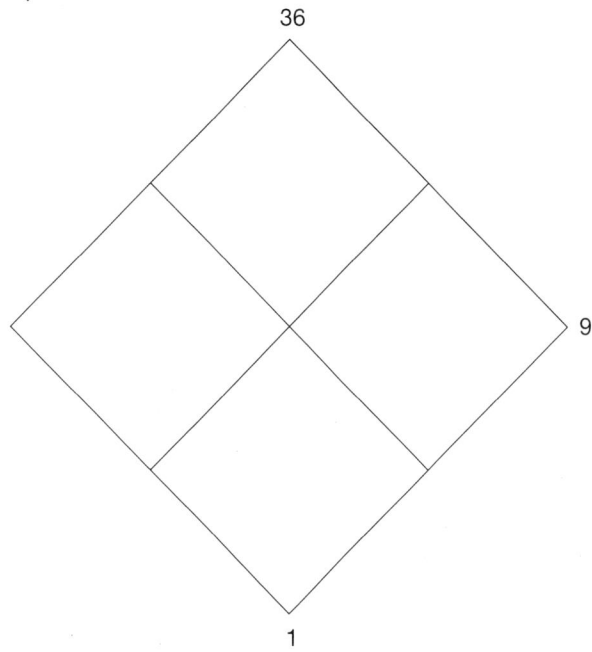

26. Zeichne die Teilbarkeitsgraphen für

a) T_{50} b) T_{54} c) T_{441}.

27. Notiere im Heft als wahre Aussagen.
(Auswahl: „ist Element von"; „ist nicht Element von"; „ist Teiler von"; „ist nicht Teiler von")

a) 69 ...... V_{17} e) 4 ...... V_{12}

b) 7 ...... 25 · 56   f) 8 ...... 84 · 18

c) 27 ...... T_{81} g) 17 ...... T_{85}

d) 9 ...... 378 + 12 555   h) 25 ...... 955 + 375

28. Drei Schwimmer starten gleichzeitig zu einem Training auf einer 50-m-Bahn. Der erste Schwimmer braucht pro Bahn 72 Sekunden; der zweite Schwimmer benötigt pro Bahn 60 Sekunden und der dritte 75 Sekunden.
Nach wie vielen Sekunden berühren alle drei Schwimmer zum ersten Mal gleichzeitig wieder den Beckenrand?

29. Ein Teehändler hat Teereste von drei verschiedenen Sorten:

Sorte A: 3 600 g   Sorte B: 5 400 g   Sorte C: 1 320 g

Der Teehändler möchte den Tee nach Sorten getrennt in möglichst großen, aber gleich schweren Packungen anbieten.

Welche Packungsgröße sollte er nehmen?

Teiler und Vielfache

30. An einer Bushaltestelle halten vier verschiedene Buslinien.
Linie A verkehrt alle 10 Minuten, Linie B verkehrt alle 15 Minuten,
Linie C verkehrt alle 20 Minuten und Linie D verkehrt alle 25 Minuten.
  a) Nach welcher Zeit sind alle Busse wieder gleichzeitig an der Haltestelle, wenn sie gleichzeitig abgefahren sind?
  b) Um welche Uhrzeit fahren alle Busse wieder gleichzeitig ab, wenn sie um 6.30 Uhr gestartet sind?

31. Überprüfe die Zahl 3 750 325 auf ihre Teilbarkeit durch: 2, 3, 4, 5, 6, 9, 10, 12, 25 und 100.
  a) Begründe jeweils kurz die Entscheidung.
  b) Stelle einem Partner eine entsprechende Aufgabe, bei der die gegebene Zahl durch mindestens 5 der vorgegebenen Zahlen (2, 3, ...) teilbar ist. Überprüfe das Ergebnis.
  Löse entsprechend seine Aufgabe.

32. Übertrage in dein Heft. Entscheide, ob die Aussage wahr (**w**) oder falsch (**f**) ist, und begründe kurz deine Entscheidung.
  a) $5^2 \mid 2^2 \cdot 5^3$
  b) $3 \cdot 5^2 \mid 3^4 \cdot 5 \cdot 11^2$
  c) Wenn eine Zahl nicht durch 10 teilbar ist, dann ist sie auch nicht durch 100 teilbar.
  d) Wenn eine Zahl durch 9 teilbar ist, dann ist diese Zahl nicht immer auch durch 3 teilbar.

33. Bestimme das kgV und den ggT
  a) von (248; 312; 576)
  b) von (156; 252; 792).

34. Bearbeite.
  a) Nenne die kleinste dreistellige Zahl, welche die Teiler 2, 3, 4 und 5 hat.
  b) Zeige durch zwei Beispiele, dass folgende Aussage falsch ist: Wenn eine Zahl durch 6 und durch 8 teilbar ist, dann ist sie auch durch 48 teilbar.
  c) Gegeben sind drei Zahlen $a < b < c$ (*a* kleiner als *b* kleiner als *c*). Was lässt sich über den ggT (*a*, *b*, *c*) bzw. über das kgV (*a*, *b*, *c*) aussagen?

Teiler und Vielfache

Test

K3
K5

* 1. Bestimme die **Teilermengen**.
   a) T_{25} b) T_{32} c) T_{43}

* 2. Bestimme die **Vielfachmengen**. Gib dabei jeweils die ersten sechs Vielfachen an.
   a) V_9 b) V_{13} c) V_{24}

* 3. Übertrage in dein Heft und setze dann entweder das Zeichen „|" oder das Zeichen „∤" ein.
   a) 7 ___ 105   d) 12 ___ 132
   b) 4 ___ 74   e) 15 ___ 95
   c) 14 ___ 52   f) 11 ___ 122

* 4. Übertrage in dein Heft und ergänze dann.
   a) T ___ = {1, 2, 19, ___}
   b) T ___ = {1, 2, ___, ___, ___, 20}
   c) V ___ = {___, 22, 33, ___, ___, ___}

* 5. Notiere aus den angegebenen Zahlen die **Primzahlen**.
   27, 39, 1, 41, 37, 2, 21, 11, 49, 13, 35, 5

** 6. Übertrage in dein Heft und setze an die richtigen Stellen ein „X". Denke an die Teilbarkeitsregeln.

ist teilbar durch	2	3	5	9	10	25
792						
4 635						
58 480						
108 825						

** 7. Im Kindertheater kostet der Eintritt 8,– €. Nach der Vorstellung sind 1 056,– € in der Kasse. Wie viele Personen haben diese Vorstellung besucht?

K2

Teiler und Vielfache

* 1. Bestimme die Teilermengen.
   a) T_{48}
   b) T_{51}
   c) $T_\_ = \{1, \_\_\_, \_\_\_, \_\_\_, \_\_\_, 28\}$

* 2. Bestimme die ersten sechs Vielfachen.
   a) V_{17}
   b) V_{21}
   c) $V_\_ = \{\_\_\_, \_\_\_, 69, 92, \_\_\_, \_\_\_, ...\}$

* 3. Übertrage in dein Heft und notiere **wahr (w)** oder **falsch (f)**.
   a) $27 \in T_{81}$
   b) $7 \in T_{231}$
   c) $7 \notin T_{63}$
   d) $9 \nmid 80$
   e) $44 \mid 180$
   f) $11 \mid 111$

* 4. Schreibe aus folgenden Zahlen die **Primzahlen** ins Heft. 69, 1, 83, 59, 2, 37, 29, 40

‡ 5. Übertrage die Tabelle in dein Heft.
   Kreuze dann richtig an. Benutze die Teilbarkeitsregeln.

hat als Teiler	2	3	4	5	9	10	25
6 824							
375							
10 458							
152 400							

‡ 6. Bestimme den **ggT** bzw. das **kgV**.
   a) ggT (28; 77)
   b) ggT (12; 18; 20)
   c) kgV (52; 13)
   d) kgV (20; 30; 40)

‡ 7. Udo und Horst schwimmen mehrmals die 25-m-Bahn entlang. Udo benötigt für eine Bahnlänge 25 Sekunden, Horst braucht 35 Sekunden.
   a) Nach wie vielen Sekunden schlagen sie zum ersten Mal gemeinsam am Beckenrand an?
   b) Wie viele Bahnen sind Udo bzw. Horst dann geschwommen?

Teiler und Vielfache

Test

K3
K5

* 1. Übertrage in dein Heft und notiere, ob folgende Aussagen **wahr (w)** oder **falsch (f)** sind.
    a) 7 | 231 b) 12 | 254 c) 15 | 360 d) 11 | 111

* 2. Schreibe aus folgenden Zahlen die **Primzahlen** in dein Heft.
    21, 29, 40, 41, 85, 2, 37, 99

** 3. Übertrage in dein Heft und bestimme die **Teilermengen**.
    a) T_{34}
    b) T_{48}
    c) $T\_ = \{1, \_\_\_, \_\_\_, \_\_\_, \_\_\_, \_\_\_, \_\_\_, 40\}$
    d) $T\_ = \{..., \_\_\_, \_\_\_, 63, \_\_\_, \_\_\_, \_\_\_, ...\}$

** 4. Übertrage in dein Heft und bestimme die ersten sechs **Vielfachen**.
    a) V_{17}
    b) V_{24}
    c) $V\_ = \{\_\_\_, \_\_\_, \_\_\_, 72, 90, \_\_\_, ...\}$
    d) $V\_ = \{\_\_\_, \_\_\_, 63, \_\_\_, \_\_\_, \_\_\_, ...\}$

** 5. Übertrage die Tabelle in dein Heft und kreuze mithilfe der Teilbarkeitsregeln an.

hat als Teiler	2	3	4	5	9	10	25
248							
8 205							
45 270							
152 400							

** 6. Berechne.
    a) ggT (27, 45)
    b) kgV (34, 51)
    c) ggT (16, 24, 36)
    d) kgV (6, 8, 16)

** 7. Am Busbahnhof fahren um 8.00 Uhr die Busse der Linien A, B und C gleichzeitig ab. Linie A verkehrt alle 8 Minuten, Linie B alle 10 Minuten und Linie C alle 15 Minuten. Nach wie vielen Minuten fahren alle drei Busse das nächste Mal wieder gleichzeitig ab?

K2

** 8. In einem Sägewerk sollen drei Baumstämme mit den Längen 15 m, 18 m und 21 m in jeweils gleich lange Stücke ohne Reste zersägt werden.
Wie lang können die Stücke höchstens werden?

K2

Teiler und Vielfache

*1. Gib in aufzählender Form an.

   a) T_{72} b) T_{56}

*2. Gib sieben Elemente der genannten Vielfachmengen an.

   a) V_{19} b) V_{112}

*3. Jutta hat ihre Modelleisenbahn aufgebaut. Der Güterzug benötigt für eine Runde 25 Sekunden, der ICE nur 20 Sekunden. Beide Züge fahren zur gleichen Zeit los. Nach welcher Zeit fahren sie wieder gleichzeitig am Start vorbei?

**4. a) Übertrage und ergänze den Teilbarkeitsgraphen T_{54}.

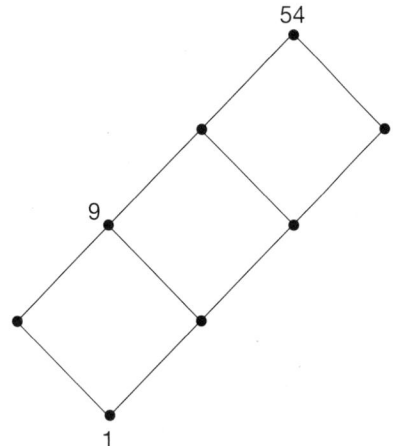

b) Zeichne den Teilbarkeitsgraphen für T_{40}.

**5. Überprüfe die Zahl 98 235 auf Teilbarkeit durch 2; 3; 4; 5; 6; 9; 12; 15; 25.

**6. Überprüfe die folgenden Aussagen mit der Summenregel. Entscheide, ob es sich um wahre oder falsche Aussagen handelt. Begründe kurz.

   a) 14 | 294   b) 35 | 3 620

**7. Bei einem Rechteck sind die Zahlenwerte von Länge und Breite natürliche Zahlen. Kann der Zahlenwert

   a) des Umfangs eine gerade Zahl bzw.

   b) des Flächeninhalts eine Primzahl sein?

   Begründe.

***8. Zerlege in Primfaktoren und bestimme **den ggT und das kgV**.

   a) 168; 216; 252   b) 63; 98

***9. Drei Stäbe von 144 cm, 180 cm und 5,40 m Länge sollen in gleich lange, möglichst große Stücke zersägt werden. Es soll kein Verschnitt (Rest) bleiben.

   a) In welchen Abständen muss man die Stäbe zersägen?

   b) Wie viele Stücke erhält man?

Bruchzahlen

* 1. Welcher Bruchteil der abgebildeten Fläche ist schraffiert? Welcher Bruchteil entspricht dem Rest?

   a) 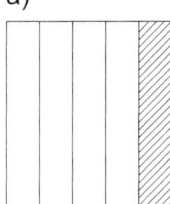   b) 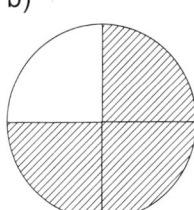   c) 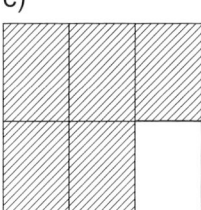   d)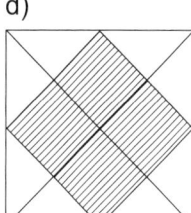

* 2. Zeichne die Rechtecke wie angegeben in dein Heft und schraffiere jeweils den angegebenen Bruchteil des Rechtecks.

   a) Rechteck: 3 Kästchen hoch / 8 Kästchen breit: $\frac{4}{12}$

   b) Rechteck: 5 Kästchen hoch / 10 Kästchen breit: $\frac{9}{10}$

   c) Rechteck: 13 Kästchen hoch / 1 Kästchen breit: $\frac{3}{13}$

* 3. Wie viel fehlt zum nächsten Ganzen?

   a) $\frac{13}{18}$ b) $2\frac{3}{8}$ c) $3\frac{7}{10}$

* 4. Gib den Wert des Bruches in der gemischten Schreibweise an.

   a) $\frac{36}{10}$ b) $\frac{106}{20}$ c) $\frac{49}{5}$

* 5. Schreibe in der reinen Bruchschreibweise.

   a) $5\frac{1}{3}$ b) $7\frac{4}{5}$ c) $6\frac{24}{100}$

* 6. Übertrage in dein Heft und ergänze passend für x.
   Gib auch die Erweiterungszahl bzw. die Kürzungszahl an.

   a) $\frac{7}{12} = \frac{35}{x}$ d) $\frac{12}{20} = \frac{x}{5}$

   b) $\frac{3}{x} = \frac{24}{40}$ e) $\frac{40}{60} = \frac{2}{x}$

   c) $\frac{36}{15} = \frac{180}{x}$ f) $\frac{24}{42} = \frac{x}{7}$

* 7. Übertrage und kürze so weit wie möglich (Grunddarstellung).

   a) $\frac{15}{60}$ b) $\frac{44}{56}$ c) $\frac{96}{120}$ d) $\frac{63}{105}$

* 8. Notiere im Heft, welcher Bruchteil schraffiert ist.

   a) 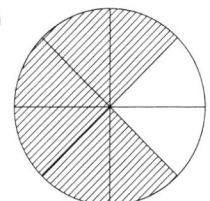   b) 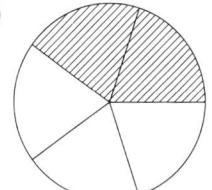   c)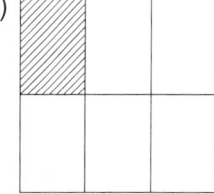

Bruchzahlen

9. Färbe das vorgegebene Gitter im angegebenen Teil.

a) $\frac{1}{3}$ b) $\frac{5}{6}$ c) $\frac{7}{24}$

10. Übertrage in dein Heft und gib in der reinen Bruchschreibweise an.

a) $5\frac{3}{4}$ b) $2\frac{5}{8}$ c) $8\frac{1}{12}$ d) $6\frac{8}{15}$

11. Übertrage in dein Heft und gib in der gemischten Schreibweise an.

a) $\frac{14}{5}$ b) $\frac{42}{9}$ c) $\frac{50}{15}$ d) $\frac{115}{20}$

12. Übertrage in dein Heft und kürze bis zur Grunddarstellung.

a) $\frac{12}{16}$ b) $\frac{25}{35}$ c) $\frac{20}{60}$ d) $\frac{42}{98}$

13. Übertrage in dein Heft und erweitere so, dass **der Nenner 60** ist.

a) $\frac{2}{3}$ b) $\frac{9}{10}$ c) $\frac{1}{12}$ d) $\frac{11}{20}$

14. Berechne.

a) $\frac{3}{4}$ von 48 Euro   d) $\frac{4}{5}$ von x = 16 Euro

b) $\frac{7}{8}$ von 320 Euro   e) $\frac{2}{7}$ von x = 30 Euro

c) $\frac{5}{12}$ von 252 Euro   f) $\frac{3}{8}$ von x = 48 Euro

15. Übertrage in dein Heft und ersetze x passend.

a) $\frac{3}{5} = \frac{x}{30}$ c) $\frac{7}{9} = \frac{63}{x}$

b) $\frac{12}{20} = \frac{3}{x}$ d) $\frac{45}{75} = \frac{3}{x}$

16. Erweitere so, dass jeweils **beide Brüche den gleichen Nenner** haben.

a) $\frac{2}{3}$; $\frac{1}{9}$ b) $\frac{3}{4}$; $\frac{1}{6}$ c) $\frac{3}{8}$; $\frac{3}{10}$

17. Übertrage in dein Heft und kürze bis zur Grunddarstellung.

a) $\frac{6}{8}$ b) $\frac{12}{16}$ c) $\frac{25}{35}$ d) $\frac{36}{63}$ e) $\frac{42}{91}$

18. Bei einem Schulfest veranstaltete die Klasse 6f eine Verlosung. Sie nahm 350,– Euro ein. $\frac{3}{5}$ der Einnahmen wurden an ein Kinderdorf in Namibia überwiesen.
Wie viel Geld erhielt das Kinderdorf, wie viel Geld blieb übrig?

Arbeitsblatt: Bruchzahlen

K3
K5

* 19. Bei Briefmarkensammlern:
    a) Micha besitzt 1 200 Briefmarken. Er tauscht $\frac{1}{24}$ davon. Wie viele Briefmarken sind das?
    ‡ b) Anke verkaufte $\frac{1}{9}$ ihrer Briefmarken. Das waren 50 Stück. Wie viele Briefmarken besaß Anke dann noch?

* 20. Gib in der gemischten Schreibweise an.
    a) $\frac{35}{8}$ b) $\frac{73}{10}$ c) $\frac{40}{12}$ d) $\frac{143}{8}$

* 21. Schreibe als Bruch.
    a) $3\frac{5}{8}$ b) $4\frac{5}{6}$ c) $16\frac{7}{9}$ d) $54\frac{2}{3}$

* 22. Herr Rechtien hat 450 m² Rasen eingesät. Das sind $\frac{3}{5}$ seines Grundstücks. Wie groß ist das gesamte Grundstück?

K2

* 23. Färbe jeweils das Rechteck.
    a) $\frac{3}{8}$ b) $\frac{3}{4}$ c) $\frac{7}{16}$

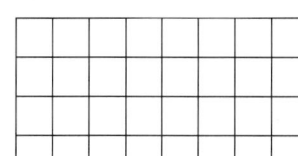
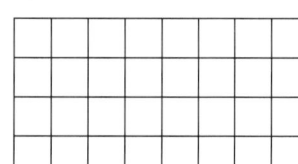
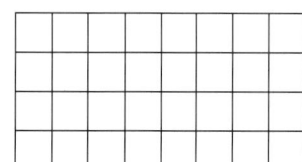

* 24. Schreibe in der gemischten Schreibweise.
    a) $\frac{5}{4}$ b) $\frac{16}{3}$ c) $\frac{25}{4}$ d) $\frac{30}{29}$ e) $\frac{75}{12}$ f) $\frac{115}{14}$

* 25. Schreibe in der reinen Bruchschreibweise.
    a) $4\frac{1}{2}$ b) $5\frac{2}{5}$ c) $3\frac{1}{3}$ d) $6\frac{5}{6}$ e) $12\frac{5}{8}$ f) $13\frac{11}{13}$

* 26. Schreibe als Bruch. Gib, falls möglich, auch als natürliche Zahl oder in der gemischten Schreibweise an.
    a) 4 : 5
    b) 8 : 3
    c) 6 : 10
    d) 10 : 6
    e) 15 : 5
    f) 0 : 7
    g) 9 : 5
    h) 1 : 2
    i) 7 : 7
    j) 25 : 4

* 27. Herr Sander hat sich neue Schränke gekauft. $\frac{2}{5}$ des Preises bezahlte er sofort. Das waren 1 250,– Euro.
    Wie viel kosteten die Schränke insgesamt?

K2

Bruchzahlen

28. Übertrage und entscheide dann, ob < oder > zutrifft.

a) $\dfrac{4}{9}$ $\dfrac{6}{9}$ c) $\dfrac{19}{20}$ $\dfrac{59}{60}$ e) $\dfrac{1}{3}$ $\dfrac{3}{7}$

b) $1\dfrac{2}{5}$ $\dfrac{8}{5}$ d) $\dfrac{7}{12}$ $\dfrac{5}{8}$

29. Übertrage in dein Heft und erweitere beide Brüche dann jeweils so, dass sie den **gleichen Nenner** haben. Entscheide dann, welcher Bruch größer (>) ist.

a) $\dfrac{4}{9}$ $\dfrac{2}{3}$ b) $\dfrac{13}{20}$ $\dfrac{37}{60}$ c) $\dfrac{7}{12}$ $\dfrac{3}{9}$

30. Berechne.

a) $\dfrac{1}{7}$ von 49 m   f) 12 kg sind x von 30 kg

b) $\dfrac{1}{9}$ von 360 kg   g) 25 Liter sind x von 15 Litern

c) $\dfrac{7}{9}$ von 630 cm   h) 20 Euro sind x von 52 Euro

d) 72 m sind $\dfrac{8}{9}$ i) 156 km sind $\dfrac{4}{5}$

e) $\dfrac{4}{3}$ sind 124 g

31. Wie viel fehlt am nächsten Ganzen?

a) $\dfrac{13}{4}$ b) $\dfrac{237}{50}$ c) $\dfrac{189}{25}$ d) $\dfrac{13}{3}$

32. Gib die Größen in der angegebenen Einheit an.

a) in dm^2: $\dfrac{1}{4}$ m^2; $\dfrac{7}{10}$ m^2

b) in ml: $\dfrac{5}{8}$ l; $\dfrac{12}{50}$ l

c) in min: $\dfrac{3}{5}$ h; $\dfrac{29}{30}$ h

33. Bestimme jeweils die fehlende Größe.

a) $\dfrac{7}{9}$ von 72 m^3 e) $\dfrac{7}{8}$ sind 56 h

b) $\dfrac{3}{4}$ sind 21 Liter   f) $\dfrac{2}{3}$ von 34 869 kg

c) 18 m sind x von 30 m   g) 75 l sind x von 100 l

d) $\dfrac{5}{8}$ von x = 35 Euro   h) $\dfrac{7}{9}$ sind 1 694 m^2

34. Rechne in die angegebene Einheit um.

a) $\dfrac{3}{4}$ m (cm)   e) $\dfrac{1}{125}$ kg (g)   i) $\dfrac{2}{5}$ m^2 (dm^2)

b) $\dfrac{3}{20}$ m (cm)   f) $\dfrac{80}{250}$ kg (g)   j) $\dfrac{7}{20}$ cm^2 (mm^2)

c) $\dfrac{3}{8}$ km (m)   g) $\dfrac{7}{8}$ l (ml)   k) $\dfrac{3}{10}$ min (s)

d) $\dfrac{11}{50}$ km (m)   h) $\dfrac{4}{15}$ h (min)

Bruchzahlen

35. Berechne.

a) $\frac{5}{6}$ von 30 l

b) 400 g sind $\frac{10}{13}$

c) 12 s sind x von 60 s

d) $\frac{4}{7}$ von 224 km

36. Kürze bis zur Grunddarstellung.

a) $\frac{42}{90}$ b) $\frac{45}{54}$ c) $\frac{77}{111}$ d) $\frac{108}{324}$

37. Herr Reichert hat von seinem insgesamt 792 m langen Zaun in fünf Tagen $\frac{4}{9}$ erneuern lassen. Wie viele Meter des Zaunes sind noch zu erneuern?

38. Frau Wantia hat auf einer Wochenendreise 456,– Euro ausgegeben. Das waren $\frac{3}{4}$ des Geldes, das sie einkalkuliert hatte.
Wie viel Geld hat Frau Wantia „gespart"?

39. Rechne in die angegebene Einheit um.

a) $\frac{3}{5}$ cm (mm)

b) $\frac{9}{10}$ dm² (cm²)

c) $\frac{29}{30}$ h (min)

d) $5\frac{3}{4}$ Jahre (Monate)

e) $3\frac{7}{20}$ km (m)

f) $4\frac{7}{8}$ t (kg)

40. Zwei Freunde spielen gemeinsam Lotto. Peter setzt jeweils 2,– Euro, Paul bezahlt jeweils 3,– Euro.
Welchen Bruchteil des Gesamteinsatzes bringt Peter jeweils ein, welchen Bruchteil Paul?

41. Kürze jeweils bis zur Grunddarstellung.

a) $\frac{27}{36}$

b) $\frac{17}{51}$

c) $\frac{48}{72}$

d) $\frac{26}{39}$

e) $\frac{84}{144}$

f) $\frac{91}{130}$

g) $\frac{28}{39}$

h) $\frac{252}{630}$

42. Rechne in die angegebene Einheit um.

a) $\frac{3}{4}$ ha (a)

b) $\frac{2}{3}$ h (min)

c) $\frac{3}{8}$ km (m)

d) $\frac{11}{20}$ m (cm)

e) $\frac{35}{40}$ l (cm³)

f) $\frac{7}{12}$ min (s)

g) $\frac{3}{5}$ dm (cm)

h) $\frac{1}{6}$ h (s)

i) $\frac{19}{25}$ kg (g)

43. Kürze bis zur Grunddarstellung.

a) $\frac{108}{144}$ b) $\frac{24}{35}$ c) $\frac{256}{640}$ d) $\frac{91}{117}$

Bruchzahlen

44. In der Klasse 6e sind von 42 Schülern 30 in einem Sportverein, in der Klasse 5f sind es von 36 Schülern 28.
Welche Klasse ist „sportfreudiger"?

45. Bei einer Weinlieferung der Firma Kessing wurde festgestellt, dass $\frac{3}{40}$ der insgesamt 2 440 Flaschen beschädigt waren.
Wie viele Flaschen dieser Lieferung waren unversehrt?

46. Erweitere die Brüche jeweils so, dass sie den **kleinsten gemeinsamen Nenner** haben.

a) $\frac{9}{10}$; $\frac{4}{5}$
b) $\frac{2}{3}$; $\frac{4}{5}$; $\frac{1}{2}$; $\frac{3}{4}$
c) $\frac{7}{12}$; $\frac{3}{8}$; $\frac{7}{9}$

47. Ordne die Brüche der Größe nach.

a) $\frac{3}{4}$; $\frac{5}{6}$; $\frac{13}{12}$; $\frac{7}{8}$
b) $\frac{4}{9}$; $\frac{91}{135}$; $\frac{7}{15}$

48. Annette und Martin bekommen von ihrem Opa zur Kirmes jeweils den gleichen Geldbetrag geschenkt. Annette gibt $\frac{4}{10}$ davon aus, Martin benötigt dagegen $\frac{12}{25}$ von dem Geld.
Wer hat mehr Geld ausgegeben?

49. Von einer Tennisgruppe wurde ein Einladungsturnier veranstaltet. Bei dieser Veranstaltung wurden 2 490,– Euro gespendet. Von der Gesamtsumme erhielt der Kindergarten ein Drittel, $\frac{2}{5}$ bekam eine Theatergruppe und den Rest gaben die Veranstalter für „Sportler gegen Hunger" aus.
Berechne die Beträge, die die drei Begünstigten erhielten.

50. Ordne die Brüche der Größe nach.

a) $\frac{2}{3}$, $\frac{3}{5}$, $\frac{7}{12}$; $\frac{8}{15}$

b) $\frac{9}{16}$, $\frac{11}{20}$, $\frac{13}{25}$

c) $\frac{2}{3}$, $\frac{4}{5}$, $\frac{5}{6}$; $\frac{1}{2}$; $\frac{9}{10}$; $\frac{11}{12}$

51. Notiere *wahr* oder *falsch* bei jeder Aussage.
Bei falschen Aussagen verändere nur Zähler **oder** Nenner, sodass eine wahre Aussage entsteht.

a) $\frac{9}{11} = \frac{108}{132}$
d) $\frac{2}{3} = \frac{20}{12}$

b) $\frac{42}{70} = \frac{5}{10}$
e) $\frac{24}{15} = \frac{6}{5}$

c) $\frac{4}{3} = \frac{100}{57}$
f) $\frac{21}{25} = \frac{186}{200}$

52. Gib für x zwei verschiedene (wertungleiche) Bruchzahlen an.

a) $\frac{3}{6} < x < \frac{2}{3}$

b) $\frac{5}{8} < x < \frac{4}{6}$

c) Stelle deinem Partner eine entsprechende Aufgabe. Löse die von ihm entwickelte Aufgabe und tauscht euch über eure gefundenen Lösungen aus.

Bruchzahlen

53. Beim Schießwettbewerb hat Hans bei 12 Schüssen 8 Treffer, Iris hat bei 15 Schüssen 11 Treffer und Fritz hat bei 20 Schüssen 14 Treffer.
Lege die Platzierungsreihenfolge fest.

54. Gib für die Bruchzahl $\frac{12}{21}$ alle gleichwertigen Brüche an,
a) deren Zähler eine Zahl zwischen 45 und 65 ist,
b) deren Zähler durch 9 ohne Rest teilbar ist **und** deren Nenner kleiner als 150 ist.

55. Bei einer Wahl hat Ute $\frac{5}{8}$ aller Stimmen bekommen. Olaf hat 12 Stimmen erhalten. Drei Stimmen waren ungültig.
Wie viele Personen haben gewählt?

56. Familie Deeken verfügt über ein Monatseinkommen von 2772,– Euro. $\frac{2}{9}$ des Einkommens werden für die Wohnungsmiete benötigt. Für $\frac{5}{12}$ des Einkommens werden Waren für den Haushalt eingekauft.
Berechne den noch verfügbaren Rest des Einkommens.

57. Gib für die Bruchzahl $\frac{17}{32}$ alle gleichwertigen Bruchzahlen an,
a) deren Zähler eine Zahl zwischen 50 und 80 ist,
b) deren Nenner eine Zahl zwischen 100 und 130 ist,
c) deren Zähler kleiner als 150 **und** deren Nenner durch 6 teilbar ist.

58. Herr Landwehr hat von einem Lottogewinn $\frac{4}{9}$ des Ganzen bekommen. Frau Gluche erhält 2800,– Euro und Herr Emke bekommt 1200,– Euro.
Wie viel Geld haben die drei Personen zusammen gewonnen?

59. Bei einer Zeichnung hat Uta einen 15 cm langen Gegenstand auf 4 cm verkleinert; Manfred hat einen Gegenstand der Länge 20 cm auf 5 cm verkleinert. Sabine verkleinerte einen 12 cm großen Gegenstand auf 2 cm.
Wer hat am wenigsten, wer hat am meisten verkleinert?

60. In einem Gemeinderat besitzt die Partei C insgesamt $\frac{2}{15}$ aller Sitze, die Partei F hat $\frac{1}{5}$, die Partei S $\frac{3}{10}$, und die Partei G $\frac{11}{30}$ aller Sitze.
Ordne die Parteien nach ihrer „Stärke".

61. Herr Thölke will ein Auto zu 16000,– Euro kaufen. $\frac{2}{5}$ des Preises hat er angespart, $\frac{3}{8}$ des Kaufpreises erhält er durch den Verkauf seines jetzigen Autos an den Autohändler. Den Rest will Herr Thölke durch einen Kredit finanzieren.
Wie hoch muss Herr Thölkes Kredit sein?

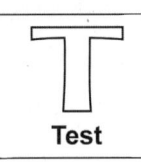

Bruchzahlen

K3
K5

* 1. Berechne.

    a) $\frac{1}{5}$ von 120 m   b) $\frac{3}{8}$ von 720 t   c) $\frac{2}{3}$ sind 240 Euro

* 2. Erweitere die Brüche mit der angegebenen Zahl.

    a) $\frac{3}{8}$ mit 3   b) $\frac{17}{35}$ mit 6   c) $\frac{7}{15}$ mit 4   d) $\frac{9}{16}$ mit 8

* 3. Kürze die Brüche mit der angegebenen Zahl.

    a) $\frac{15}{65}$ mit 5   b) $\frac{240}{1000}$ mit 8   c) $\frac{96}{144}$ mit 12   d) $\frac{249}{72}$ mit 3

* 4. Übertrage in dein Heft und setze für x richtig ein.

    a) $\frac{17}{35} = \frac{34}{x}$ b) $\frac{24}{26} = \frac{x}{13}$ c) $\frac{7}{11} = \frac{49}{x}$ d) $\frac{35}{45} = \frac{7}{x}$

* 5. Übertrage in dein Heft und wandle um in die reine Bruchschreibweise.

    a) $12\frac{3}{4}$ b) $7\frac{2}{9}$ c) $27\frac{4}{5}$

* 6. Übertrage in dein Heft und wandle um in die gemischte Schreibweise.

    a) $\frac{52}{17}$ b) $\frac{107}{5}$ c) $\frac{60}{7}$

** 7. Wandle in die angegebene Einheit um.

    a) in g: $\frac{3}{10}$ kg; $\frac{5}{8}$ kg   c) in cm: $\frac{3}{4}$ m; $\frac{4}{5}$ dm

    b) in s: $\frac{7}{12}$ min; $\frac{17}{20}$ min   d) in kg: $\frac{57}{100}$ t; $\frac{3}{25}$ t

** 8. Der Schulweg von Michael ist $\frac{3}{4}$ km lang, der von Fritz ist $\frac{4}{5}$ km lang. Bestimme durch Rechnung, wessen Schulweg länger ist.

Bruchzahlen

Test

K3
K5

* 1. Verdeutliche in den vorgegebenen Rechtecken.

   a) $\frac{2}{5}$ b) $\frac{5}{6}$ c) $\frac{4}{15}$

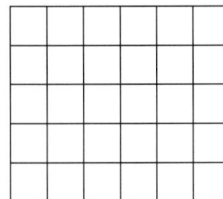 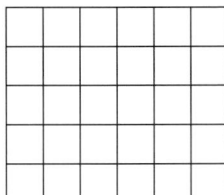 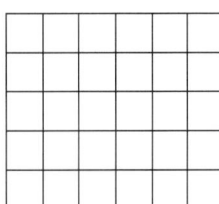

* 2. Übertrage in dein Heft und schreibe in **gemischter Schreibweise**.

   a) $\frac{9}{4}$ b) $\frac{21}{6}$ c) $\frac{77}{12}$ d) $\frac{101}{14}$

* 3. Übertrage in dein Heft und schreibe in der **reinen Bruchschreibweise**.

   a) $5\frac{1}{3}$ b) $4\frac{2}{7}$ c) $7\frac{2}{3}$ d) $12\frac{5}{9}$

* 4. Übertrage in dein Heft und schreibe als **Bruch**.
   Gib das Ergebnis – falls möglich – auch als natürliche Zahl oder als gemischte Zahl an.

   a) 5 : 9   b) 18 : 6   c) 19 : 19   d) 35 : 14

* 5. Übertrage in dein Heft und erweitere so, dass der **Nenner** jeweils 100 wird.

   a) $\frac{2}{5}$ b) $\frac{12}{10}$ c) $\frac{7}{20}$ d) $\frac{3}{4}$

* 6. Übertrage in dein Heft und kürze jeweils bis zur **Grunddarstellung**.

   a) $\frac{16}{20}$ b) $\frac{25}{35}$ c) $\frac{28}{42}$ d) $\frac{72}{96}$

* 7. Herr Wilkens kauft einen Computer. Er zahlt $\frac{5}{8}$ des Preises sofort.
   Das sind 850,– Euro. Berechne den Preis dieses Computers.

K2

* 8. Übertrage in dein Heft und gib jeweils in der angegebenen **Einheit** an.

   a) $\frac{7}{25}$ m (cm)   b) $\frac{3}{50}$ kg (g)   c) $\frac{9}{20}$ h (min)   d) $\frac{50}{125}$ l (ml)

Bruchzahlen

* **1.** Markiere jeweils die Bruchzahlen in dem Rechteck.

   a) $\dfrac{5}{8}$ b) $\dfrac{7}{18}$

   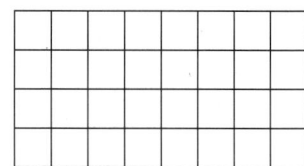 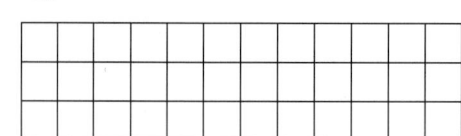

* **2.** Übertrage in dein Heft und wandle um in die gemischte Schreibweise.

   a) $\dfrac{27}{8}$ b) $\dfrac{91}{12}$ c) $\dfrac{100}{19}$

* **3.** Übertrage in dein Heft und wandle um in die reine Bruchschreibweise.

   a) $3\dfrac{2}{7}$ b) $1\dfrac{9}{28}$ c) $15\dfrac{6}{11}$

* **4.** Übertrage und kürze bis zur Grunddarstellung.

   a) $\dfrac{16}{20}$ b) $\dfrac{45}{63}$ c) $\dfrac{84}{108}$

* **5.** Bestimme die fehlenden Größen.

   a) $\dfrac{7}{9}$ von 630 Euro = x b) $\dfrac{3}{4}$ von x = 48 kg

* **6.** Herr Göttke hat einen Gebrauchtwagen gekauft. Er hat 7 200,- Euro sofort bezahlt. Das waren $\dfrac{3}{4}$ des Gesamtpreises des Autos.
   Berechne den Gesamtpreis.

* **7.** Erweitere die beiden Brüche jeweils so, dass sie dann den **kleinsten** gemeinsamen Nenner haben.

   a) $\dfrac{4}{9}$ und $\dfrac{5}{18}$ b) $\dfrac{5}{6}$ und $\dfrac{5}{14}$ c) $\dfrac{4}{15}$ und $\dfrac{11}{12}$

* **8.** Eine Schule hat insgesamt 360 Schüler. Davon sind $\dfrac{5}{9}$ Mädchen. Berechne die Zahl der Jungen dieser Schule.

* **9.** Ordne die Brüche der Größe nach. Beginne mit dem kleinsten Bruch.

   a) $\dfrac{3}{10}\,;\,\dfrac{4}{5}\,;\,\dfrac{3}{4}$ b) $\dfrac{5}{6}\,;\,\dfrac{3}{4}\,;\,\dfrac{11}{12}\,;\,\dfrac{7}{8}$

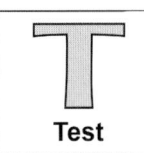

Bruchzahlen

1. Übertrage in dein Heft und gib in gemischter Schreibweise an.
   a) $\frac{37}{12}$ b) $\frac{164}{15}$ c) $\frac{643}{80}$

2. Achim erbt $\frac{5}{7}$ von 105 000,– Euro. Berechne den Betrag dieser Erbschaft.

3. Übertrage und erweitere dann passend.
   a) $\frac{5}{8} = \frac{x}{48}$ b) $\frac{11}{17} = \frac{44}{x}$ c) $\frac{x}{15} = \frac{90}{75}$

4. Übertrage und kürze bis zur Grunddarstellung.
   a) $\frac{24}{32}$ b) $\frac{48}{84}$ c) $\frac{99}{450}$

5. Übertrage in dein Heft und gib in der reinen Bruchschreibweise an.
   a) $33\frac{1}{3}$ b) $8\frac{7}{11}$ c) $15\frac{9}{25}$

6. Beachte den unten gezeichneten Zahlenstrahl.
   a) Schreibe die zu den Punkten A, B, C und D des Zahlenstrahls gehörenden Brüche in dein Heft.
   b) Trage die folgenden Punkte auf dem Zahlenstrahl farbig an der jeweils passenden Stelle ein.
   $E\left(\frac{2}{5}\right)$ $F\left(\frac{9}{10}\right),$ $G\left(1\frac{1}{5}\right),$ $H\left(\frac{9}{5}\right)$

   0   A   B   1   C   2   D

7. Herr Vahrmann plant 360 m² von seinem 810 m² großen Grundstück als Rasenfläche ein. Welcher Anteil ist das? Notiere mit möglichst kleinen Zahlen.

8. Hennes hat bisher 108 km auf seiner Radtour zurückgelegt. Das sind $\frac{9}{20}$ der Gesamtstrecke. Wie lang ist die ganze Tour, die Hennes abfahren will?

9. Übertrage und rechne in die angegebene Einheit um.
   a) $\frac{3}{5}$ kg (g)   c) $\frac{4}{5}$ h (min)   e) $\frac{9}{25}$ t (kg)
   b) $\frac{3}{20}$ ha (a)   d) $\frac{5}{8}$ km (m)

10. Übertrage. Suche einen passenden gemeinsamen Nenner für die genannten Brüche und ordne sie dann der Größe nach.
   $\frac{1}{2}, \frac{4}{5}, \frac{7}{15}, \frac{2}{3}$

11. Bei einem Tagesausflug des 6. Schuljahres einer Schule wollen von 120 Schülern $\frac{3}{8}$ in den Zoo, $\frac{2}{5}$ des Jahrgangs möchten ins Museum, der Rest wünscht sich einen Besuch im Planetarium.
Wie viele Eintrittskarten müssen für die drei Bereiche jeweils gekauft werden?

Multiplikation und Division von Brüchen

Arbeitsblatt

K3
K5

* 1. Berechne.

   a) $\dfrac{3}{4} \cdot \dfrac{2}{5}$ e) $\dfrac{3}{5} \cdot 4$ i) $2\dfrac{1}{4} \cdot \dfrac{1}{3}$ ✱m) $3\dfrac{1}{3} : 1\dfrac{1}{4}$

   b) $\dfrac{5}{6} : \dfrac{2}{3}$ f) $\dfrac{8}{9} : 5$ j) $1\dfrac{4}{5} : \dfrac{3}{4}$ ✱n) $4\dfrac{1}{2} \cdot 2\dfrac{2}{3}$

   c) $\dfrac{4}{9} \cdot \dfrac{1}{2}$ g) $6 : \dfrac{4}{5}$ k) $\dfrac{8}{15} \cdot \dfrac{42}{7}$ ✱o) $4\dfrac{1}{5} \cdot 1\dfrac{3}{7}$

   d) $\dfrac{7}{12} : \dfrac{6}{7}$ h) $12 \cdot \dfrac{3}{7}$ l) $\dfrac{6}{7} : 1\dfrac{1}{5}$ ✱p) $2\dfrac{3}{4} : 1\dfrac{1}{2}$

* 2. In dem Nahrungsmittelwerk Landwehr werden 435 kg Mehl in Pakete zu $\dfrac{1}{2}$ kg abgefüllt. Berechne, wie viele Pakete abgefüllt werden können.

* 3. An der Tankstelle Brümmer kostet ein Liter Öl 6,– Euro. Für einen Ölwechsel an Frau Deekens Auto werden $4\dfrac{1}{2}$ Liter benötigt.
   Wie viel muss Frau Deeken für das Öl bezahlen?

K2

* 4. Berechne. Kürze vor dem Ausrechnen.

   a) $\dfrac{7}{12} \cdot \dfrac{24}{35}$ b) $\dfrac{8}{15} \cdot \dfrac{5}{6}$ c) $\dfrac{54}{21} \cdot \dfrac{40}{81}$

* 5. Berechne.

   a) $\dfrac{7}{8} \cdot 6$ b) $2\dfrac{2}{3} \cdot 9$ ✱c) $4\dfrac{1}{5} \cdot 3\dfrac{3}{14}$

* 6. Bauer Göttke besitzt 84 ha Land. Von seinem Besitz sind $\dfrac{3}{7}$ Wald. Wie viele Hektar Wald besitzt Bauer Göttke?

* 7. Bei den Bundesjugendspielen einer kleinen Grundschule erhielten 64 Kinder eine Urkunde. Das waren $\dfrac{2}{3}$ aller Kinder dieser Schule.
   Wie viele Kinder besuchen diese Grundschule?

* 8. Berechne.

   a) $\dfrac{11}{24} : \dfrac{3}{8}$ b) $\dfrac{7}{3} : \dfrac{2}{15}$ c) $\dfrac{2}{3} : \dfrac{7}{5}$ d) $\dfrac{12}{17} : 4$

* 9. Berechne.

   a) $\dfrac{2}{5} \cdot 8$ e) $\dfrac{10}{9} : 3$ i) $4 \cdot \dfrac{5}{6}$ m) $8 \cdot 4\dfrac{1}{4}$

   b) $\dfrac{10}{3} \cdot 6$ f) $\dfrac{5}{12} : 4$ j) $3\dfrac{2}{5} : 3$ n) $\dfrac{4}{5} \cdot \dfrac{4}{7}$

   c) $14 \cdot \dfrac{16}{35}$ g) $\dfrac{19}{16} \cdot 40$ k) $1\dfrac{4}{7} \cdot 5$ o) $\dfrac{9}{4} \cdot \dfrac{2}{3}$

   d) $\dfrac{12}{7} : 3$ h) $\dfrac{8}{9} : 4$ l) $6\dfrac{1}{2} : 13$ p) $\dfrac{10}{11} : \dfrac{15}{33}$

* 10. Kerstin hat ihre Schrittlänge gemessen: $\dfrac{3}{4}$ m pro Schritt. Kerstins Schulweg ist 600 m lang. Wie viele Schritte muss Kerstin auf dem Schulweg machen?

Multiplikation und Division von Brüchen

11. Eva, Bernd und Susanne haben zusammen $2\frac{1}{4}$ kg Erdbeeren gepflückt und wollen sie jetzt gleichmäßig aufteilen.
Wie viel Kilogramm bekommt jedes Kind?

12. Wie viel Liter Wein enthalten 135 Flaschen zu je $\frac{7}{10}$ Liter?

13. Berechne.

a) $1\frac{3}{4} \cdot 1\frac{3}{4}$ 　　 d) $\frac{1}{9} \cdot \frac{3}{5} \cdot \frac{3}{4}$ 　　 g) $3\frac{1}{2} \cdot 4\frac{2}{7}$

b) $3\frac{3}{4} : 2\frac{1}{2}$ 　　 e) $\frac{5}{4} \cdot \frac{8}{9} \cdot \frac{3}{7}$ 　　 h) $2\frac{1}{4} : 1\frac{1}{9}$

c) $6\frac{3}{7} \cdot \frac{9}{14}$ 　　 f) $3\frac{3}{4} \cdot 3\frac{1}{5}$ 　　 i) $5\frac{1}{7} : 1\frac{13}{15}$

14. Familie Kessing benötigt für eine Geburtstagsparty $3\frac{1}{2}$ Liter Bowle. Frau Kessing kauft Flaschen, die jeweils $\frac{7}{10}$ Liter enthalten.
Wie viele Flaschen muss sie kaufen?

15. Berechne. Kürze möglichst früh.

a) $\frac{7}{12} \cdot \frac{36}{49}$ 　　 d) $\frac{54}{25} \cdot \frac{40}{81}$

b) $\frac{16}{45} \cdot \frac{35}{56}$ 　　 e) $1\frac{11}{21} \cdot \frac{35}{48}$

c) $\frac{36}{51} \cdot \frac{17}{60}$ 　　 f) $\frac{14}{29} \cdot \frac{58}{77}$

16. Berechne.

a) $2\frac{1}{4} \cdot 3\frac{1}{2}$ 　　 d) $2\frac{2}{3} \cdot 9$

b) $\frac{7}{8} \cdot 4$ 　　 e) $\frac{1}{9} \cdot \frac{3}{4} \cdot \frac{6}{7}$

c) $4\frac{1}{5} \cdot 3\frac{3}{14}$ 　　 f) $5\frac{1}{4} \cdot 3 \cdot 1\frac{1}{7}$

17. Berechne. Kürze möglichst früh.

a) $\frac{45}{72} : \frac{5}{8}$ 　　 d) $\frac{2}{3} : \frac{7}{5}$ 　　 g) $4\frac{8}{25} : 2\frac{2}{5}$

b) $\frac{11}{24} : \frac{3}{8}$ 　　 e) $3\frac{3}{4} : 2\frac{1}{2}$ 　　 h) $8 : 1\frac{1}{3}$

c) $\frac{7}{3} : \frac{2}{15}$ 　　 f) $6\frac{3}{7} : \frac{9}{14}$

18. Der Baustoffhändler Engelmann hat eine Rechnung vom Großhändler Soika über Bauholz in Höhe von 23 700,– Euro erhalten. Wenn Herr Engelmann diese Rechnung innerhalb von 10 Tagen bezahlt, darf er $\frac{2}{100}$ vom Rechnungsbetrag abziehen.
Wie viel muss Herr Engelmann bezahlen, wenn er pünktlich bezahlt?

19. Die drei Brüder Alwin, Helmut und Hubert haben zusammen ein Achtellos bei der Klassenlotterie gekauft. Auf genau dieses Los fällt ein Gewinn von 14 000,– Euro.
Wie viel erhält jeder der drei Brüder, wenn gleichmäßig geteilt wird?

Multiplikation und Division von Brüchen

K3
K5

K2

20. Eine Lottogemeinschaft hat 99 000,– Euro gewonnen. Von diesem Geld erhält Herr Sieverding 27 000,– Euro, Frau Reichert und Herr Wiedenstriet erhalten jeder 18 000,– Euro und Herr Teilmann bekommt den Rest.
Welchen Bruchteil des Gesamtgewinns erhält jeder?

21. Bei dem Jahresabschlussball einer kleinen Tanzschule kamen 88 Jugendliche in festlicher Kleidung. Das waren $\frac{4}{5}$ aller Tanzschüler.
Wie viele Jugendliche besuchten diesen Grundlehrgang der Tanzschule?

22. Eine Hauptschule hat 360 Schüler. Von diesen kommen $\frac{4}{9}$ mit dem Bus zur Schule, $\frac{3}{8}$ der Schüler kommen mit dem Fahrrad, der Rest kommt zu Fuß. Berechne, wie viele Schüler

a) mit dem Bus

b) mit dem Fahrrad

c) zu Fuß

zur Schule kommen.

23. Berechne.

a) $4\frac{2}{3} : 1\frac{1}{9}$

b) $8\frac{3}{4} : \frac{8}{15}$

c) $2\frac{1}{5} : 6\frac{1}{2}$

d) $15 : 2\frac{1}{2}$

e) $2\frac{2}{5} : 2\frac{1}{10}$

f) $3\frac{1}{3} \cdot 1\frac{4}{5} \cdot 4\frac{1}{6}$

24. Eine Metallstange, die $3\frac{3}{4}$ m lang ist, wiegt $11\frac{2}{5}$ kg.
Berechne, wie schwer 1 m dieser Stange ist.

25. In der Klasse 6f können drei Viertel aller Kinder schwimmen. Ein Drittel der Schwimmer hat schon das silberne Schwimmabzeichen erreicht.
Welcher Anteil der Klasse 6f hat das silberne Schwimmabzeichen?

26. Frau Schmidt hat die Sonderangebote des Supermarktes ausgenutzt. Sie hat $4\frac{1}{2}$ kg Schweinebraten, $3\frac{3}{4}$ kg Rinderbraten und $1\frac{1}{2}$ kg Gulasch gekauft. Frau Schmidt packt das Fleisch für die Gefriertruhe portionsgerecht zu $\frac{3}{4}$ kg in Frischhaltebeutel ab.
Wie viele Frischhaltebeutel benötigt Frau Schmidt?

27. Welche Zahl ist größer:
der zwölfte Teil von $13\frac{4}{5}$ **oder** der fünfzehnte Teil von $16\frac{4}{5}$?

28. Bauer Zerhusen will auf $\frac{8}{15}$ seines Grundbesitzes Getreide anbauen. Von dieser Anbaufläche soll $\frac{4}{7}$ mit Mais bebaut werden, $\frac{3}{8}$ der Fläche ist für Gerste vorgesehen.
Wie groß ist der Flächenanteil der Mais- bzw. Gerstenfelder am gesamten Grundbesitz von Bauer Zerhusen?

Multiplikation und Division von Brüchen

K3 K5

29. Setze für x den richtigen Bruch ein.
   a) $1\frac{1}{2} \cdot x = 2\frac{1}{10}$
   b) $\frac{3}{7} : x = \frac{6}{35}$
   d) $x : 3\frac{1}{5} = 2\frac{3}{4}$
   e) $x \cdot 8\frac{1}{3} = 3\frac{1}{5}$

30. Bauer Kreutzmann besitzt 140 ha Land. Von seinem Besitz sind $\frac{3}{7}$ Wald und $\frac{2}{5}$ Ackerland. Der Rest der Flächen sind Wiesen und Weiden.
   a) Wie viele Hektar entfallen jeweils auf Wald, Ackerland, Wiesen und Weiden?
   b) Welcher Bruchteil entfällt auf die Wiesen und Weiden?

31. Lenis Fahrrad bewegt sich bei jeder Kurbeldrehung $4\frac{1}{2}$ m weiter. Jeder Tritt in die Pedalen entspricht einer halben Kurbeldrehung.
   Wie oft muss Leni auf ihrem Schulweg von $1\frac{1}{2}$ km treten?

32. In der Näherei Emke werden von einem $31\frac{1}{2}$ m langen Stoffballen jeweils Teile von $2\frac{1}{4}$ m abgeschnitten.
   a) Wie viele Teile können von diesem Stoffballen abgeschnitten werden?
   b) Die einzelnen Teile werden nochmals in 18 gleich lange Stücke aufgeteilt. Berechne, wie lang ein solches Kleinteil ist.

33. Löse die Zahlenrätsel.
   a) Welche Zahl muss man durch $\frac{3}{4}$ dividieren, um 8 zu erhalten?
   b) Mit welcher Zahl muss man $1\frac{3}{5}$ multiplizieren, um $1\frac{1}{2}$ zu erhalten?
   c) Durch welche Zahl muss man $\frac{12}{25}$ dividieren, um $1\frac{1}{5}$ zu erhalten?

34. Berechne.
   a) $\frac{3}{4} \cdot \frac{8}{15} \cdot \frac{5}{9} \cdot \frac{7}{8}$
   b) $5\frac{1}{7} \cdot 1\frac{7}{9} \cdot 4\frac{2}{3}$
   c) $\frac{5}{6} \cdot 3\frac{1}{3} \cdot 4\frac{1}{2}$
   d) $\left(3\frac{3}{4} \cdot 1\frac{7}{10}\right) : 1\frac{1}{3}$

35. Herr Schulze legt in $1\frac{1}{2}$ Stunden (h) mit seinem Auto 168 km zurück. Frau Eckhoff braucht für 96 km genau 45 Minuten. Herr Westerhoff schafft in $1\frac{3}{4}$ h insgesamt 182 km. Frau Gerdesmeyer benötigte für 130 km Fahrstrecke $1\frac{1}{4}$ h.
Stelle eine Reihenfolge nach der erzielten Durchschnittsgeschwindigkeit auf.

K2

36. Frau Westerheide kauft aus dem Sonderangebot der Metzgerei Krogmann:

$\frac{3}{4}$ kg Rinderbraten
$\frac{5}{8}$ kg Rinderroulade
$1\frac{1}{2}$ kg Spießbraten
$1\frac{1}{8}$ kg Schweineschulter

Berechne, wie viel Frau Westerheide bezahlen muss.

K2

SONDERANGEBOTE		
Schweineschulter	1 kg	3,60 Euro
Rinderroulade	1 kg	7,20 Euro
Aufschnitt	100 g	0,65 Euro
Rinderbraten	1 kg	8,40 Euro
Spießbraten	1 kg	5,60 Euro

Multiplikation und Division von Brüchen

37. Wie viel ist
   a) ein Fünftel vom vierten Teil von 1 m,
   b) ein Drittel von der Hälfte einer Minute,
   c) drei Viertel eines Zehntels von 1 km,
   d) neun Zehntel von sieben Zehntel von 1 Euro?

38. Herr Landwehr ist ein Gartenfreund. Er will wie im Vorjahr die Blumenbeete mit Torf bedecken. Im vergangenen Jahr hat Herr Landwehr $5\frac{2}{3}$ Säcke Torf zu je 45 kg gebraucht. In diesem Jahr bietet das Gartencenter Vahrmann nur Torftüten mit 30 kg Inhalt an.
Wie viele Torftüten muss Herr Landwehr besorgen, wenn er die gleiche Menge Torf auf die Blumenbeete streuen will?

39. In der Klasse 6g haben zwei Drittel aller Kinder bei den Bundesjugendspielen eine Urkunde erreicht. Ein Viertel der Urkunden waren Ehrenurkunden.
   a) Welcher Anteil der Schüler der Klasse 6g hat eine Ehrenurkunde erreicht?
   b) Wie viele Kinder sind in der Klasse 6g, wenn 8 Kinder dieser Klasse keine Urkunde erringen konnten?

40. Welche Zahl muss man für x setzen, um eine wahre Aussage zu erhalten?
   a) $\frac{3}{5} : \frac{x}{2} = \frac{6}{25}$
   b) $\frac{4}{5} : \frac{5}{x} = \frac{28}{25}$
   c) $2\frac{1}{4} \cdot x = 3\frac{1}{2}$
   d) $\frac{x}{9} \cdot 1\frac{5}{16} = 1\frac{1}{6}$

41. Ulrike und Peter legten bei einer Fahrradtour in einer Sekunde durchschnittlich $4\frac{1}{4}$ m zurück. Wie viel Kilometer schafften sie in einer Dreiviertelstunde?

42. Bei einer Stadtrallye zu Fuß beteiligten sich die Klassen 7c und 7d – insgesamt x Schüler. $\frac{11}{24}$ der Teilnehmer unterschritten die Höchstzeit, $\frac{3}{8}$ der Teilnehmer hielten die Zeit genau ein. Die restlichen 8 Teilnehmer überschritten die Höchstzeit.
   a) Berechne die Anzahl der Teilnehmer.
   b) Berechne die Anzahl der „Zeiteinhalter".

43. Berechne.
   a) $17\frac{1}{2} : 2\frac{4}{5}$
   b) $\frac{15}{18} \cdot \frac{54}{75} \cdot \frac{5}{6} \cdot \frac{2}{7}$
   d) $4\frac{4}{11} \cdot \frac{22}{27} \cdot 5\frac{2}{7}$
   e) $\frac{13}{18} \cdot 2\frac{8}{17} \cdot \frac{12}{13} \cdot 1\frac{23}{28}$

44. Marc hat eine unangenehme Aufgabe. Er muss, da kein Schlauch griffbereit ist, mit einem Wassereimer, der $8\frac{1}{2}$ Liter fasst, einen Bottich füllen. Dieser Bottich fasst 104 Liter. Beim Tragen kann der Eimer nur zu $\frac{9}{10}$ gefüllt werden.
Wie oft wird Marc gehen müssen?

Multiplikation und Division von Brüchen

45. Herr Landwehr will in seinem Garten eine 450 m² große Rasenfläche neu einsäen. Pro Quadratmeter Rasen braucht man erfahrungsgemäß $\frac{1}{20}$ kg Grassamen. Das Gartencenter bietet zwei Paketgrößen an:

5 kg zu 7,– Euro   oder   2 kg zu 3,– Euro.

Berechne, wie Herr Landwehr am preiswertesten einkauft.

46. Berechne.

a) $\left(3\frac{3}{4} : 2\frac{1}{2}\right) \cdot \left(4 : 1\frac{1}{7}\right)$ b) $5\frac{1}{4} \cdot 3\frac{3}{7} \cdot 1\frac{1}{9}$

47. Hubert ist begeisterter Murmelspieler. Am Freitag, dem 13., verlor er aber $\frac{3}{8}$ seiner 192 Murmeln an den Konkurrenten Alwin. Am nächsten Tag gewann er $\frac{3}{4}$ seiner verlorenen Murmeln zurück.

Wie war Huberts Ausgangslage am Sonntag, dem 15.?

48. Familie Wilkens ist mit dem Auto unterwegs zu ihrem 750 km entfernten Urlaubsziel. Nach $3\frac{1}{2}$ Stunden Fahrzeit mit einer Durchschnittsgeschwindigkeit von 90 km/h soll ausgerechnet werden, wie lange die Fahrt bei gleicher Geschwindigkeit noch dauern wird.

Wann kommt Familie Wilkens voraussichtlich in ihrem Urlaubsort an, wenn es zum Berechnungszeitpunkt 10.30 Uhr ist?

49. Ein berühmter griechischer Mathematiker soll seinen Schülern folgende Aufgabe gestellt haben: Es gibt vier Quellen. Die erste füllt einen Brunnen jeden Tag, die zweite Quelle braucht zwei Tage, die dritte Quelle benötigt drei Tage und die vierte Quelle schafft es in vier Tagen.

In welcher Zeit füllen die vier Quellen den Brunnen gemeinsam?

50. Für selbst gebastelte Mühlespiele sollen im Werkunterricht aus Rundhölzern Spielsteine hergestellt werden. Es ist ein $1\frac{3}{4}$ m langes Rundholz vorhanden. Die Spielsteine sollen eine Dicke von $\frac{8}{10}$ cm erhalten. Für jeden Stein muss noch der Sägeschnitt mit $1\frac{1}{2}$ mm hinzugerechnet werden. Wie viele Spielsteine können aus dem vorhandenen Rundholz hergestellt werden?

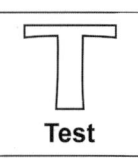

Multiplikation und Division von Brüchen

Test — K3 / K5

Berechne. Kürze und wandle um, wenn es möglich ist.

* 1. a) $\dfrac{3}{7} \cdot \dfrac{5}{11}$

b) $\dfrac{7}{9} \cdot 5$

c) $15 \cdot \dfrac{13}{60}$

* 2. a) $\dfrac{4}{9} : \dfrac{7}{15}$

b) $\dfrac{8}{9} : 4$

c) $\dfrac{36}{41} : \dfrac{27}{82}$

* 3. Die Getränkehandlung Gluche hat noch 95 Kisten Limonade gelagert. Am Samstag werden $\dfrac{3}{5}$ davon verkauft.
Wie viele Kisten sind dann noch im Lager?

* 4. Peter, Martin, Uwe und Bernd haben jeder $3\dfrac{3}{4}$ kg Erdbeeren gepflückt. Sie wollen die Gesamtmenge aber mit ihrem Freund Jochen, der krank ist, gleichmäßig teilen.
Wie viel bekommt jeder der Jungen nach dem Teilen?

* 5. Fünf Liter Limonade sollen in Gläser gefüllt werden. Jedes Glas fasst $\dfrac{1}{5}$ Liter Flüssigkeit. Wie viele Gläser können gefüllt werden?

** 6. a) $3\dfrac{2}{3} \cdot 2\dfrac{1}{5}$ d) $3\dfrac{2}{7} : \dfrac{5}{14}$

b) $2 \cdot 7\dfrac{1}{6}$ e) $11\dfrac{2}{3} : 7\dfrac{1}{2}$

c) $4\dfrac{1}{3} \cdot 2\dfrac{2}{5}$ f) $3\dfrac{3}{10} : 2\dfrac{2}{15}$

** 7. a) $\dfrac{2}{7} \cdot \dfrac{35}{16} \cdot \dfrac{5}{21}$

b) $2\dfrac{3}{4} \cdot 1\dfrac{3}{7} \cdot \dfrac{4}{9}$

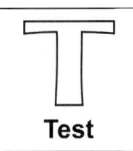

Multiplikation und Division von Brüchen

K3 K5

Kürze und wandle bei allen Aufgaben um, wenn es möglich ist.

* 1. Berechne.

   a) $\dfrac{25}{36} \cdot \dfrac{54}{55}$

   b) $12 \cdot \dfrac{8}{9}$

   ** c) $3\dfrac{3}{4} \cdot 1\dfrac{1}{7}$

* 2. Von den Schülern einer Schule sind $\dfrac{3}{5}$ in einem Sportverein. $\dfrac{1}{4}$ davon spielen Fußball. Welcher Bruchteil der Schüler dieser Schule spielt Fußball?

* 3. Marc ist Musikfan und besitzt bereits einige Vinyl(-Platten) und CDs, insgesamt 70 Stück. $\dfrac{3}{7}$ von allen sind LPs und $\dfrac{2}{5}$ sind Singles. Der Rest sind CDs.
Berechne, wie viele Tonträger von jeder Sorte Marc besitzt.

** 4. Berechne.

   a) $\dfrac{28}{45} : \dfrac{7}{15}$

   b) $2\dfrac{4}{7} : 6$

   c) $17\dfrac{1}{2} : 2\dfrac{4}{5}$

** 5. Frau Reichert hat die Sonderangebote eines Kaufhauses genutzt.

   Sie hat $3\dfrac{1}{2}$ kg Äpfel,

   $\dfrac{3}{4}$ kg Schwarzbrot und

   $\dfrac{3}{8}$ kg Käse gekauft.

   Wie viel muss Frau Reichert insgesamt bezahlen?

SONDERANGEBOTE	
1 kg Äpfel	1,40 Euro
1 kg Schwarzbrot	3,20 Euro
1 kg Gehacktes	3,60 Euro
1 kg Käse	4,40 Euro

K2

*** 6. Berechne.

   a) $4\dfrac{4}{11} \cdot 2\dfrac{4}{9} \cdot \dfrac{3}{8}$

   b) $\left(3\dfrac{3}{4} \cdot 1\dfrac{7}{10}\right) : \dfrac{3}{4}$

*** 7. Bestimme für x jeweils die richtige Zahl.

   a) $2\dfrac{2}{5} : x = 1\dfrac{3}{4}$

   b) $\dfrac{x}{9} \cdot 1\dfrac{5}{16} = 1\dfrac{1}{6}$

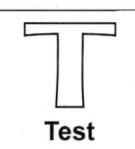

Multiplikation und Division von Brüchen

Kürze und wandle bei allen Aufgaben um, wenn es möglich ist.

* 1. Vier Geschwister teilen sich gleichmäßig $1\frac{1}{2}$ Liter Milch. Wie viel Milch bekommt jedes Kind?

* 2. Auf einem Kindergeburtstag werden 6 Flaschen Apfelsaft getrunken. Jede Flasche enthält $\frac{7}{10}$ Liter Saft.
Wie viel Liter Apfelsaft sind insgesamt getrunken worden?

* 3. Bei Kabelarbeiten muss eine Straße auf einer Länge von $1\frac{3}{4}$ km aufgegraben werden. Für $\frac{9}{10}$ des Grabens kann ein Bagger eingesetzt werden. Der Rest muss mit der Schaufel bearbeitet werden
Berechne die Länge der Strecke, die mühsam mit der Schaufel bearbeitet werden muss.

** 4. Berechne.

a) $\frac{25}{36} \cdot \frac{27}{85}$

b) $28 \cdot \frac{5}{32}$

c) $5\frac{1}{7} \cdot 4\frac{3}{8}$

d) $1\frac{5}{27} : 8$

e) $1\frac{32}{45} : \frac{11}{25}$

f) $14 : \frac{6}{7}$

g) $\frac{36}{45} : \frac{28}{81}$

h) $17\frac{1}{2} : 2\frac{4}{5}$

*** i) $\frac{15}{18} \cdot \frac{54}{75} \cdot \frac{5}{6} \cdot \frac{2}{7}$

*** j) $4\frac{4}{11} \cdot \frac{22}{27} \cdot 5\frac{5}{8}$

*** k) $\frac{13}{18} \cdot \frac{42}{17} \cdot \frac{12}{13} \cdot \frac{51}{28}$

** 5. Bestimme für x die passende Zahl.

a) $x \cdot \frac{4}{9} = \frac{4}{5}$

b) $x : \frac{3}{4} = \frac{7}{6}$

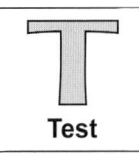

Multiplikation und Division von Brüchen

K3
K5

Kürze und wandle bei allen Aufgaben um, wenn es möglich ist.

* 1. Berechne.
   a) $\frac{19}{72} \cdot 63$
   b) $20 \cdot \frac{4}{7}$

** 2. Berechne: $\frac{11}{39} \cdot 2\frac{11}{27}$

** 3. Berechne.
   a) $6\frac{2}{3} \cdot 11\frac{1}{4}$
   b) $2\frac{13}{19} \cdot 5\frac{10}{17}$
   c) $\frac{9}{10} \cdot 3\frac{5}{7} \cdot 2\frac{2}{9}$

** 4. Berechne.
   a) $81 : 10\frac{4}{5}$
   b) $\frac{24}{31} : \frac{19}{21}$
   c) $12\frac{5}{6} : 5\frac{7}{10}$

** 5. Bestimme die richtige Zahl für *x*.
   a) $8 \cdot x = 5\frac{1}{11}$
   b) $\frac{4}{7} : x = \frac{1}{21}$
   c) $x : 9 = \frac{4}{39}$

** 6. Frau Kathmann verkauft in der ersten großen Pause $\frac{7}{12}$ von 240 Kakaoflaschen zu je $\frac{1}{4}$ Liter.
   a) Wie viele Flaschen hat Frau Kathmann in der ersten großen Pause verkauft?
   b) Wie viele Flaschen hat sie noch für die zweite große Pause?
   c) $\frac{1}{16}$ der Kakaoflaschen verkauft sie an diesem Tag nicht. Wie viele sind das?
   d) Berechne, wie viel Liter Kakao an diesem Tag getrunken wurden.

*** 7. Bei einer Verlosung gibt es zwei Lostöpfe. Im **Topf A** sind $\frac{9}{20}$ aller Lose Gewinne und $\frac{1}{8}$ der Gewinne sind Hauptgewinne. Im **Topf B** sind $\frac{7}{16}$ aller Lose Gewinne und $\frac{1}{10}$ der Gewinne Hauptgewinne.
   Begründe rechnerisch, in welchem Topf die Chance auf einen Hauptgewinn größer ist.

Addition und Subtraktion von Brüchen

1. Berechne und kürze am Schluss bis zur Grunddarstellung.

a) $\frac{3}{8} + \frac{1}{8}$
b) $\frac{4}{15} + \frac{2}{15}$
c) $\frac{7}{12} + \frac{3}{12}$
d) $\frac{2}{9} + \frac{4}{9}$
e) $\frac{11}{25} + \frac{9}{25}$
f) $\frac{17}{32} + \frac{13}{32}$

2. Berechne und kürze, wenn möglich, bis zur Grunddarstellung.

a) $\frac{7}{15} - \frac{2}{15}$
b) $\frac{43}{49} - \frac{15}{49}$
c) $\frac{19}{20} - \frac{11}{20}$
d) $\frac{25}{31} - \frac{5}{31} - \frac{12}{31}$
e) $\frac{13}{24} - \frac{7}{24}$
f) $\frac{13}{16} - \frac{5}{16}$

3. Berechne und gib als gemischte Zahl an.

a) $\frac{3}{4} + \frac{3}{4}$
b) $\frac{4}{7} + \frac{2}{7} + \frac{5}{7}$
c) $\frac{7}{9} + \frac{4}{9} + \frac{8}{9}$
d) $\frac{7}{8} + \frac{5}{8} + \frac{1}{8}$
e) $\frac{9}{14} + \frac{11}{14} + \frac{13}{14}$
f) $\frac{4}{5} + \frac{3}{5} + 1\frac{2}{5}$

4. Berechne.

a) $\frac{2}{3} + \frac{4}{9}$
b) $\frac{3}{5} + \frac{3}{4}$
c) $\frac{5}{6} - \frac{1}{4}$
d) $\frac{1}{2} + \frac{5}{8} + \frac{3}{4}$
e) $\frac{5}{9} + \frac{5}{6} - \frac{1}{2}$
f) $\frac{7}{8} - \frac{1}{6} - \frac{1}{3}$
g) $\frac{2}{3} + \frac{3}{4} + \frac{11}{12} + \frac{3}{8}$
h) $\frac{2}{5} + \frac{3}{10} + \frac{7}{15} + \frac{11}{20}$

5. Die Zugmaschine eines LKWs ist $8\frac{1}{2}$ m lang, der Anhänger hat eine Länge von $5\frac{3}{4}$ m. Wie lang ist der ganze LKW?

6. Nina ist $14\frac{1}{3}$ Jahre alt, ihr Bruder Clemens ist $12\frac{3}{4}$ Jahre alt. Berechne den Altersunterschied.

7. Familie Becker hat eine Kartoffelkiste, die leer $5\frac{3}{8}$ kg wiegt. Nachdem Frau Becker die Kiste aufgefüllt hat, wiegt diese Kartoffelkiste $43\frac{7}{10}$ kg. Berechne das Gewicht der Kartoffeln.

8. Marc ist $15\frac{1}{3}$ Jahre alt, seine Schwester Andrea ist $12\frac{3}{4}$ Jahre alt. Wie viele Monate ist Marc älter?

9. Robert hat eine Sprudelflasche gekauft, die $\frac{7}{10}$ Liter enthielt. Er stellt später fest, dass nur noch $\frac{2}{5}$ Liter in der Flasche sind. Wie viel hat Robert schon ausgetrunken?

Addition und Subtraktion von Brüchen

10. Ein LKW der Firma Steinemann hat ein Leergewicht von $5\frac{1}{5}$ t und ein zulässiges Gesamtgewicht von $18\frac{3}{4}$ t.
Wie viel Tonnen darf dieser LKW höchstens zuladen?

11. Als Judith ihren vierzehnten Geburtstag feierte, war ihre Mutter $37\frac{1}{4}$ Jahre alt. Ihr Vater war zum gleichen Zeitpunkt $41\frac{5}{12}$ Jahre alt.
„Wie alt" war diese Familie zu diesem Zeitpunkt zusammen?

12. Berechne.

a) $2\frac{1}{4} + 1\frac{1}{3}$

b) $3\frac{2}{5} - 1\frac{3}{10}$

c) $5\frac{1}{10} - 4\frac{1}{2}$

d) $1\frac{1}{6} + \frac{5}{12} - 1\frac{1}{4}$

e) $2\frac{4}{7} + 1\frac{1}{4}$

f) $\frac{5}{6} - \frac{1}{4} + 3\frac{1}{8}$

13. Ein Eisenbahnwaggon wiegt leer $10\frac{1}{2}$ t. Die Speditionsfirma Elsen belädt den Waggon mit folgenden Gütern:
- eine Palette mit Steinen, die $1\frac{1}{8}$ t wiegt;
- eine Maschine, die $2\frac{3}{4}$ t wiegt, und
- Eisenrohre, die zusammen $4\frac{7}{10}$ t wiegen.

Berechne das Gewicht des beladenen Eisenbahnwaggons.

14. Frau Wiedenstriet ist eine leidenschaftliche Filmerin. Sie hat im Urlaub vier Filme gedreht. Von den fertiggestellten Filmen dauert der erste $5\frac{1}{3}$ Minuten, der zweite $4\frac{4}{5}$ Minuten, der dritte Film hat eine Länge von $6\frac{1}{4}$ Minuten und der vierte ist $7\frac{1}{2}$ Minuten lang. Frau Wiedenstriet hat aus diesen Streifen „ihren" Gesamtfilm zusammengestellt. Berechne die Dauer dieses Films.

15. Berechne.

a) $4 - \frac{7}{10}$

b) $3\frac{2}{9} + 12$

c) $5 - 1\frac{1}{4} - 2\frac{1}{3}$

d) $2\frac{1}{2} - 3 + 1\frac{4}{5}$

e) $2 + \frac{14}{15} + 1\frac{2}{3}$

f) $9 - 4\frac{1}{6} + 2\frac{4}{5}$

16. Von einem $8\frac{3}{4}$ m langen Balken werden $7\frac{4}{5}$ m abgeschnitten.

a) Berechne, wie viel Meter übrig bleiben.

b) Wie viel Zentimeter ist das Reststück lang?

17. Berechne und bestimme dann den Bruch zum folgenden Ganzen.

a) $\frac{4}{5} + \frac{5}{6}$

b) $2\frac{1}{4} + 3\frac{2}{3}$

c) $4\frac{1}{2} - 2\frac{7}{9}$

Addition und Subtraktion von Brüchen

K3
K5

18. Der Landwirt Renz besitzt Wiesen, Äcker und Wald. $\frac{3}{10}$ seines Besitzes ist Wald, $\frac{1}{4}$ sind Wiesen.

   a) Berechne den Bruchteil, der auf die Äcker entfällt.
   b) Wie viel Hektar sind es jeweils, wenn der Gesamtbesitz 60 a umfasst?

19. Berechne. Kürze dann bis zur Grunddarstellung.

   a) $\frac{4}{5} + \frac{3}{10}$
   b) $\frac{17}{18} - \frac{11}{12}$
   c) $\frac{1}{2} + \frac{1}{3} + \frac{1}{4}$
   d) $\frac{23}{24} - \frac{5}{6}$
   e) $\frac{7}{9} + \frac{7}{12}$
   f) $\frac{19}{20} - \frac{7}{30} - \frac{3}{40}$
   g) $\frac{11}{13} + \frac{3}{4}$
   h) $\frac{8}{20} - \frac{4}{30}$
   i) $\frac{13}{20} + \frac{4}{5} + \frac{7}{15}$
   j) $\frac{13}{30} - \frac{3}{8}$
   k) $\frac{3}{6} + \frac{4}{7}$
   l) $\frac{11}{12} + \frac{1}{8} - \frac{1}{2}$

20. Setze für x richtig ein.

   a) $\frac{1}{3} + x = \frac{5}{8}$
   b) $x - \frac{3}{4} = \frac{5}{8}$
   c) $x + \frac{2}{5} = \frac{7}{10}$
   d) $\frac{1}{2} - x = \frac{1}{6}$

21. Herr Sieverding will ein Haus bauen. Ein Drittel der Bausumme hat er angespart. $\frac{3}{8}$ der Bausumme erhält er durch eine Erbschaft. Die Bausumme beträgt 240 000,– Euro.

   a) Welchen Bruchteil der Bausumme hat Herr Sieverding schon?
   b) Wie viel Geld muss er sich noch leihen?

K2

22. Berechne und rechne dann in eine kleinere Einheit um.

   a) $\frac{1}{2}h + \frac{7}{30}h$
   b) $\frac{7}{8}t - \frac{11}{250}t$
   c) $\frac{3}{4}m + \frac{4}{5}m + \frac{1}{2}m$
   d) $\frac{5}{6}kg - \frac{3}{8}kg + \frac{1}{24}kg$
   e) $2\frac{1}{4}min + \frac{2}{5}min + 1\frac{5}{6}min$

23. Übertrage und setze eines der Zeichen <, = oder > passend ein.

   a) $\frac{1}{2} + \frac{4}{7} \square 1\frac{1}{7}$
   b) $2\frac{1}{2} - \frac{3}{4} \square \frac{14}{8}$
   c) $\frac{1}{5} + \frac{1}{8} \square \frac{1}{2} - \frac{7}{40}$
   d) $2\frac{1}{8} - 1\frac{1}{2} \square \frac{1}{2} + \frac{1}{16}$

24. Berechne.

   a) $8\frac{9}{14} + 1\frac{3}{5}$
   b) $3\frac{1}{5} - 2\frac{3}{10}$
   c) $1\frac{2}{7} + 5\frac{1}{2} + 3\frac{3}{7}$
   d) $3\frac{13}{20} + 2\frac{11}{15}$
   e) $8\frac{7}{24} - 6\frac{13}{36}$
   f) $4\frac{9}{20} + 6\frac{3}{5} - 1\frac{7}{10}$
   d) $5 - 2\frac{1}{2} - 1\frac{1}{3}$
   d) $7\frac{2}{15} - 2\frac{2}{3} + 3\frac{9}{20}$

Addition und Subtraktion von Brüchen

K3
K5

25. Frau Vahrmann hat eingekauft:
$\frac{3}{4}$ kg Fleisch; 125 g Aufschnitt; $\frac{3}{8}$ kg Leberkäse; $\frac{1}{8}$ kg Tee; 450 g Spritzgebäck;
$\frac{1}{2}$ kg Kaffee und $2\frac{1}{4}$ kg Brot. Ihr Einkaufskorb wiegt leer 750 g.
Wie schwer ist Frau Vahrmanns gefüllter Einkaufskorb?

26. Ein LKW der Firma Landwehr darf mit $4\frac{1}{2}$ t beladen werden. Arbeiter haben bislang Lasten von $1\frac{2}{5}$ t und $2\frac{3}{4}$ t aufgeladen.
Mit wie vielen Tonnen darf dieser LKW noch beladen werden?

27. Herr Brümmer verdient monatlich 3 744,– Euro. Er muss $\frac{2}{9}$ davon monatlich als Miete bezahlen. Berechne die Mietausgaben pro Jahr für Herrn Brümmer.

K2

28. Bei dem bekannten Crosslauf „Rund um St. Georg" kommt der Sieger nach 47 min $19\frac{3}{10}$ s ins Ziel. Der Zweite trifft $1\frac{9}{10}$ s später ein. Der dritte Läufer folgt mit weiteren $4\frac{1}{10}$ s Abstand, der Vierte hat nochmals $2\frac{7}{10}$ s Rückstand.
Berechne die Laufzeit des Viertplatzierten.

K2

29. Ein Bericht für die Fernsehsendung „Moskito" soll 9 min 30 s dauern. Der Bericht besteht aus vier Teilen. Die ersten drei Teile sind $2\frac{1}{3}$ min, $3\frac{1}{2}$ min und 1 min 45 s lang.
Wie lang ist der vierte Teil?

K2

30. Ersetze x jeweils durch die passende Zahl.
a) $12\frac{14}{15} + x = 21$
b) $x - 9\frac{6}{7} = 4\frac{7}{12}$
c) $14\frac{5}{6} - x = 8\frac{3}{8}$
d) $5\frac{2}{3} + x + 3\frac{3}{4} = 10\frac{1}{2}$
e) $9\frac{2}{5} - x - 2\frac{5}{6} = 4\frac{7}{10}$

31. Leni steht morgens eine $\frac{3}{4}$ Stunde vor Schulbeginn auf. Sie braucht 10 Minuten im Badezimmer, für das Anziehen sind 5 Minuten vorgesehen. Der Schulweg dauert eine $\frac{1}{4}$ Stunde. Leni ist fünf Minuten vor dem Unterrichtsbeginn in ihrer Klasse.
Wie viel Zeit hat Leni für das Frühstück?

K2

32. Wie heißt jeweils die Zahl?
a) Addiert man zu einer Zahl $\frac{5}{12}$, so erhält man $\frac{4}{5}$.
b) Von welcher Zahl muss man $3\frac{3}{8}$ subtrahieren, um $2\frac{5}{6}$ zu erhalten?
c) Subtrahiert man von einer Zahl $\frac{7}{15}$, so erhält man $1\frac{1}{3}$.

33. Der ICE „Augsburg", der fahrplanmäßig um 10.04 Uhr eintreffen soll, wird mit $\frac{2}{5}$ h Verspätung in Bremen angekündigt. Der Zug trifft aber „schon" um 10.22 Uhr in Bremen ein. Welchen Bruchteil einer Stunde hat der Zug „aufgeholt"?

K2

Addition und Subtraktion von Brüchen

K3
K5

34. Familie von der Heide ging an einem Sonntag $2\frac{1}{2}$ Stunden spazieren. In der ersten Stunde schaffte man $3\frac{4}{5}$ km, in der zweiten Stunde $2\frac{3}{4}$ km. In der letzten halben Stunde waren es 1 500 m.
Berechne, welche Strecke die Familie von der Heide an diesem Tag zurückgelegt hat.

35. Löse die Zahlenrätsel.
a) Addiere $7\frac{7}{9}$ zu der Differenz aus $12\frac{2}{3}$ und $9\frac{5}{6}$.
b) Subtrahiere von der Summe aus $5\frac{3}{8}$ und $\frac{11}{12}$ die Zahl $3\frac{4}{9}$.

36. Vier Pfähle **A**, **B**, **C** und **D** sind in gerader Linie hintereinander in den Boden geschlagen worden.
Einige Abstände sind bekannt: von A nach B sind es $4\frac{7}{10}$ m,
von B nach C sind es $5\frac{3}{4}$ m,
von A nach D sind es $13\frac{2}{5}$ m.
Berechne folgende Entfernungen:
a) von A nach C
b) von C nach D
c) von B nach D.

37. Berechne.
a) $4\frac{2}{5} + 6\frac{1}{2} - 13\frac{1}{4} + 5\frac{3}{10}$
b) $12\frac{5}{6} - 9\frac{1}{3} - \frac{11}{15} + 1\frac{1}{2}$
c) $1\frac{1}{4} + \frac{7}{12} - \frac{2}{3} + 2\frac{1}{5} - \frac{19}{30} - 1\frac{5}{6} + \frac{1}{2} + 1\frac{4}{15}$

38. Von einem Stoffballen werden zuerst $5\frac{3}{4}$ m abgeschnitten. Später werden noch $2\frac{4}{5}$ m abgeschnitten. Als dann Herr Kreutzmann am Abend $3\frac{23}{50}$ m abschneidet, stellt er fest, dass danach noch $4\frac{1}{2}$ m auf dem Ballen sind.
Wie viele Meter waren am Anfang auf dem Stoffballen?

39. Herr Taphorn hat in seinem Testament fünf Erben bedacht. Der Erste erhält ein Drittel seines Vermögens, der Zweite ein Viertel, der Dritte ein Fünftel und der Vierte ein Sechstel. Den Rest erhält das Altenheim „St. Elisabeth".
a) Welchen Bruchteil des Vermögens von Herrn Taphorn bekommt das Altenheim?
b) Wie viel erhalten die Erben jeweils, wenn das Vermögen insgesamt 420 000,– Euro umfasste?

K2

40. Berechne.
a) $31\frac{2}{9} + 8\frac{5}{12} + 62\frac{1}{2} + 40\frac{3}{8}$
b) $45\frac{1}{12} + 57\frac{4}{5} + 98\frac{19}{30} + 5\frac{14}{15}$
c) $41\frac{1}{5} - 12\frac{2}{15} - 9\frac{3}{4} - \frac{5}{6}$
d) $30\frac{2}{3} - 23\frac{3}{8} + 14\frac{7}{12} - 9\frac{1}{6}$
e) $8\frac{1}{9} - 15\frac{3}{4} + 11\frac{1}{3} - 2\frac{11}{12}$

Addition und Subtraktion von Brüchen

K3 K5

41. Die Klasse 6f wanderte mit ihrer Klassenlehrerin Frau Jaecks in drei Tagen $11\frac{3}{4}$ Stunden. Am ersten Tag waren es $3\frac{2}{5}$ Stunden, am zweiten Tag betrug die Wanderzeit $4\frac{2}{3}$ Stunden. Wie viele **Minuten** wanderte die Klasse 6f am dritten Tag?

K2

42. Landwirt Pille kaufte zu seinem bisher $72\frac{3}{4}$ ha großen Hof zuerst noch $7\frac{9}{25}$ ha und später noch einmal 14 000 m² hinzu. Wegen des enormen Baulandbedarfs der Stadt verkaufte er dann 1 815 a. Berechne die Größe des Hofes von Landwirt Pille nach dem Verkauf an die Stadt.

K2

43. Frau Vahrmann ist Ärztin. Als Miete für ihre Praxis muss sie $\frac{1}{12}$ der Monatseinnahmen bezahlen. Für Heizung und Strom wendet sie $\frac{1}{25}$ auf. Die Personalkosten belaufen sich monatlich auf $\frac{1}{5}$ der Einnahmen. Zur Abzahlung angeschaffter Geräte sind $\frac{5}{24}$ der Monatseinnahmen aufzubringen.

a) Welcher Anteil der Einnahmen bleibt vor der Besteuerung übrig?

b) Berechne die Euro-Beträge für jede der fünf Positionen, wenn die Monatseinnahmen der Arztpraxis Vahrmann durchschnittlich 48 000,– Euro betragen.

K2

44. Ein Pfeiler steckt $\frac{1}{4}$ im Boden, $\frac{2}{3}$ stehen im Wasser und 24 cm sind über dem Wasserspiegel. Wie lang ist der ganze Pfeiler?

45. Herr Bokern braucht ein neues Auto. Er hat sich für einen Gebrauchtwagen entschieden, der 16 800,– Euro kostet. Herr Bokern hat $\frac{2}{5}$ der Summe angespart, $\frac{3}{8}$ des Kaufpreises erhält er für seinen „alten" Wagen, den er in Zahlung gibt. Den Rest des Kaufpreises will er mit einem Bankkredit finanzieren.
Wie hoch muss dieser Kredit sein?

K2

Addition und Subtraktion von Brüchen

K3
K5

Hinweis: Schreibe bei allen Aufgaben die Ergebnisse bis zur Grunddarstellung gekürzt oder (falls möglich) in gemischter Schreibweise auf.

* 1. Berechne.
    a) $\frac{24}{35} + \frac{4}{35}$
    b) $\frac{19}{12} - \frac{11}{12}$
    c) $\frac{7}{18} + \frac{5}{18} - \frac{2}{18}$

* 2. Berechne.
    a) $\frac{9}{14} + \frac{11}{14} + \frac{13}{14}$
    b) $\frac{7}{9} + \frac{8}{9} + \frac{4}{9} - \frac{5}{9}$

* 3. Eine Kiste wiegt mit Inhalt $5\frac{3}{4}$ kg. Die leere Kiste wiegt $1\frac{3}{10}$ kg. Wie schwer ist der Inhalt dieser Kiste?

** 4. Ordne die Brüche der Größe nach. Beginne mit dem kleinsten Wert.
    a) $\frac{3}{5}$; $\frac{3}{4}$; $\frac{7}{10}$
    b) $\frac{9}{8}$; $1\frac{1}{6}$; $\frac{11}{12}$

** 5. Berechne.
    a) $6\frac{1}{2} - \frac{1}{3}$
    b) $3\frac{1}{5} + 2\frac{3}{4}$
    c) $1\frac{5}{6} + 2\frac{4}{9}$
    d) $4 - \frac{7}{10}$
    e) $4\frac{1}{2} + \frac{2}{5} - 3\frac{5}{8}$
    f) $6\frac{2}{5} - 1\frac{11}{20} - 3\frac{3}{4}$

** 6. Frau Reichert hat drei Videofilme gedreht. Der erste Film dauert $2\frac{2}{5}$ Minuten, der zweite Film ist $3\frac{1}{4}$ Minuten lang. Der dritte Film geht über $1\frac{7}{10}$ Minuten. Frau Reichert stellt aus diesen drei Filmen einen Gesamtfilm zusammen.
Berechne die Gesamtlänge dieses Films (ohne Berücksichtigung von Effekten bzw. Schnitt).

K2

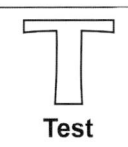

Addition und Subtraktion von Brüchen

K3
K5

Hinweis: Schreibe bei allen Aufgaben die Ergebnisse bis zur Grunddarstellung gekürzt oder (falls möglich) in gemischter Schreibweise auf.

* 1. Ein LKW wiegt unbeladen $5\frac{1}{5}$ t. Das zulässige Gesamtgewicht beträgt $16\frac{7}{10}$ t. Mit wie viel Fracht darf dieser LKW höchstens beladen werden?

* 2. Berechne.

a) $\frac{3}{7} + \frac{4}{9}$

b) $\frac{6}{7} - \frac{8}{21} - \frac{1}{6}$

c) $5\frac{3}{4} + 4\frac{1}{9}$

d) $3\frac{5}{8} + 7\frac{1}{4} + \frac{5}{6}$

e) $5 - 2\frac{1}{2} - 1\frac{1}{3}$

f) $14\frac{5}{12} - 9\frac{9}{10} - 1\frac{1}{5}$

***g) $2\frac{1}{2} - 3\frac{2}{5} - \frac{3}{4} + 1\frac{7}{8}$

* 3. Berechne jeweils x, damit die Gleichungen bzw. das Zahlenrätsel richtig sind.

a) $\frac{2}{3} + x = \frac{4}{5}$

b) $x - 2\frac{5}{39} = 6\frac{11}{13}$

c) Zu welcher Zahl muss man $2\frac{2}{5}$ addieren, um $4\frac{3}{4}$ zu erhalten?

*** 4. Vier Pfähle A, B, C und D sind in gerader Linie hintereinander in den Boden gesetzt worden.

Einige Abstände sind bekannt: von A nach B sind es $4\frac{7}{10}$ m,

von B nach C sind es $5\frac{3}{4}$ m,

von A nach D sind es $13\frac{3}{5}$ m.

Berechne folgende Entfernungen: a) von A nach C
b) von C nach D
c) von B nach D.

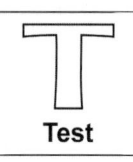

Addition und Subtraktion von Brüchen

Hinweis: Schreibe bei allen Aufgaben die Ergebnisse bis zur Grunddarstellung gekürzt oder (falls möglich) in gemischter Schreibweise auf.

1. Ein LKW wiegt unbeladen $5\frac{1}{4}$ t. Das zulässige Gesamtgewicht beträgt $12\frac{7}{12}$ t. Mit wie viel Fracht darf dieser LKW höchstens beladen werden?

2. Beate und Eva laufen um die Wette. Beate erreicht das Ziel in $13\frac{7}{10}$ s. Eva kommt $1\frac{4}{5}$ s später an. Bestimme die Zeit, die Eva für diesen Lauf benötigt hat.

3. Berechne.
   a) $\frac{1}{6} + \frac{4}{15}$
   b) $\frac{11}{12} - \frac{4}{9}$
   c) $\frac{13}{20} + \frac{4}{15}$
   d) $\frac{1}{3} + \frac{5}{6} + \frac{2}{9}$
   e) $\frac{6}{7} - \frac{8}{21} - \frac{1}{6}$
   f) $1\frac{2}{3} + \frac{5}{6}$
   g) $4\frac{1}{4} + 2\frac{4}{5}$
   h) $12 - \frac{7}{18}$
   i) $1\frac{1}{4} - \frac{5}{8}$
   j) $5\frac{5}{7} + 3\frac{1}{4}$
   k) $8\frac{2}{3} + \frac{7}{10} - 5\frac{11}{15}$
   l) $14\frac{5}{12} - 9\frac{9}{10} - 1\frac{3}{5}$

4. Bestimme den passenden Wert für x.
   a) $\frac{2}{5} + x = \frac{11}{15}$
   b) $x - 2\frac{1}{3} = 1\frac{3}{4}$

5. Bei einer Sammlung für eine Wohltätigkeitsveranstaltung haben vier Jungen zusammen Weihnachtskarten verkauft. Hans hat $\frac{4}{15}$, Peter $\frac{3}{10}$, Thomas $\frac{1}{4}$ der Karten unter die Leute gebracht. Den Rest der Karten hat Martin verkauft.
   a) Berechne den Anteil der Karten, den Martin verkauft hat.
   b) Ordne die Jungen nach den Anteilen der Karten, die sie jeweils verkauft haben.

Addition und Subtraktion von Brüchen

K3
K5

Hinweis: Schreibe bei allen Aufgaben die Ergebnisse bis zur Grunddarstellung gekürzt oder (falls möglich) in gemischter Schreibweise auf.

1. Während einer Klassenfahrt steht für die Klasse 6e eine Tageswanderung von $15\frac{4}{5}$ km an. Vor der Mittagspause schaffen die Schüler $7\frac{1}{2}$ km, bis zur Nachmittagsrast weitere $3\frac{3}{4}$ km.
Wie viele Kilometer liegen bis zum Ziel noch vor den Schülern der Klasse 6e?

2. Berechne.
   a) $1\frac{5}{12} - \frac{1}{8} - \frac{3}{5}$
   b) $6 + 2\frac{4}{9} - 4\frac{2}{3}$
   c) $19\frac{1}{2} - 2\frac{3}{4} - 11\frac{2}{3}$
   d) $10\frac{3}{20} + 3\frac{2}{5} - 16\frac{7}{8} + 4\frac{9}{10}$

3. Bestimme x so, dass eine wahre Aussage entsteht.
   a) $x + 9\frac{6}{7} = 14\frac{7}{12}$
   b) $6\frac{2}{5} - x - 2\frac{1}{4} = 1\frac{9}{10}$

4. Zu welchem Bruch muss man $2\frac{1}{6}$ addieren, um die Differenz von $12\frac{1}{8}$ und $4\frac{1}{3}$ zu erhalten?

5. Herr Landwehr will ein Haus kaufen. Er hat $\frac{3}{7}$ des Kaufpreises angespart. $\frac{2}{5}$ des Kaufpreises erhält er durch den Verkauf eines Grundstücks an die Stadt. Den Rest, das sind 48 000,– Euro, will er bei einer Bank leihen.
   a) Wie groß ist der Bruchteil des Kaufpreises, den Herr Landwehr bei der Bank leihen will?
   b) Berechne den Kaufpreis für dieses Haus.

K2

Grundrechenarten in der Bruchrechnung

Hinweis: Schreibe bei allen Aufgaben die Ergebnisse bis zur Grunddarstellung gekürzt oder (falls möglich) in gemischter Schreibweise auf.

* 1. Kerstin legt nacheinander $1\frac{1}{2}$ kg Zucker, $\frac{3}{4}$ kg Butter und $1\frac{3}{8}$ kg Mehl auf die Küchenwaage. Wie viel darf Kerstin noch auf die Küchenwaage legen, wenn diese höchstens 5 kg trägt?

* 2. Berechne.
   a) $\frac{2}{5}$ von 35 m
   b) $\frac{7}{8}$ von 320 kg
   c) $\frac{1}{3}$ von $\frac{3}{4}$ m
   d) $\frac{7}{9}$ von $\frac{12}{25}$ m
   e) $\frac{4}{5}$ von 120 kg
   f) $\frac{3}{25}$ von 150 Euro
   g) $\frac{2}{3}$ sind 48 l
   h) $\frac{6}{7}$ sind 420 t
   i) $\frac{4}{5}$ sind 2 000,– Euro

* 3. Von den 450 Schülern einer Schule kommen $\frac{3}{5}$ mit dem Bus. Wie viele Schüler kommen nicht mit dem Bus zur Schule?

* 4. Wie viel Liter Apfelsaft enthält eine Kiste mit 12 Flaschen zu je $\frac{3}{4}$ Liter?

* 5. Bei einem Kindergeburtstag wurden $8\frac{1}{2}$ Flaschen Saft getrunken. Jede Flasche enthielt $\frac{7}{10}$ Liter. Wie viel Liter Saft sind getrunken worden?

* 6. Frau Neumann kauft $3\frac{1}{2}$ kg Kartoffeln, $\frac{3}{4}$ kg Käse und $1\frac{7}{10}$ kg Äpfel. Wie viele Kilogramm muss Frau Neumann nach Hause tragen?

** 7. Berechne.
   a) $\frac{7}{12} + \frac{3}{8}$
   b) $2\frac{1}{4} + 3\frac{5}{6}$
   c) $2\frac{1}{9} \cdot \frac{6}{7}$
   d) $\frac{5}{8} : \frac{10}{11}$
   e) $3 : \frac{9}{10}$
   f) $2\frac{7}{10} + 1\frac{2}{5} - \frac{7}{20}$
   g) $3\frac{1}{3} \cdot \frac{8}{20}$
   h) $2\frac{1}{3} - \frac{5}{7}$
   i) $\frac{3}{4} \cdot \frac{16}{21} \cdot 5$

** 8. Schlosser Engelmann schneidet von einem 6 m langen Rohr nacheinander $1\frac{1}{2}$ m, dann $\frac{3}{4}$ und zuletzt $2\frac{7}{10}$ m ab.
Wie lang ist der Rest des Rohres?

** 9. Berechne.
   a) $3\frac{5}{9} \cdot 1\frac{9}{10}$
   b) $\frac{8}{9} + \frac{11}{12}$
   c) $8\frac{9}{10} + \frac{1}{2} - \frac{3}{4}$
   d) $\frac{1}{2} + \frac{2}{3} + \frac{1}{6} + \frac{2}{5}$
   e) $2\frac{4}{5} \cdot \frac{15}{16} \cdot \frac{12}{17}$
   f) $8 : 1\frac{1}{6}$
   g) $10 \cdot \frac{1}{8}$
   h) $1\frac{8}{21} - \frac{6}{7} - \frac{1}{3}$
   i) $\frac{7}{8} \cdot \frac{6}{11} \cdot \frac{55}{56} \cdot 1\frac{1}{3}$
   j) $14 \cdot 1\frac{1}{7}$
   k) $\frac{4}{5} : 2\frac{2}{3}$
   l) $18 : 2\frac{5}{8}$
   m) $5\frac{1}{3} - \frac{5}{6}$

Grundrechenarten in der Bruchrechnung

10. Ein Behälter fasst $8\frac{1}{4}$ Liter. Er ist zu $\frac{2}{5}$ gefüllt. Wie viel enthält dieser Behälter?

11. Berechne.
   a) $\frac{5}{6} - \left(\frac{1}{6} - \frac{1}{12}\right)$
   b) $\left(\frac{2}{3} - \frac{2}{9}\right) \cdot \frac{3}{4}$
   c) $\frac{2}{3} : \left(\frac{1}{2} + \frac{1}{6}\right)$
   d) $\left(\frac{3}{4} - \frac{7}{10}\right) \cdot \left(\frac{5}{6} + \frac{5}{9}\right)$
   e) $\frac{3}{8} : \left(5 - \frac{1}{2}\right)$
   f) $\frac{2}{5} \cdot 1\frac{7}{8} + \frac{3}{4} \cdot \frac{1}{2}$

12. Berechne.
   a) $\frac{6}{7}$ von 490 kg
   b) $1\frac{2}{3}$ von 1 800,– Euro
   c) $\frac{4}{9}$ sind 260 m
   d) $\frac{3}{4}$ von $\frac{1}{2}$ Tag
   e) $\frac{5}{12}$ sind 40 s
   f) $1\frac{1}{3}$ sind 240 ha

13. Berechne.
   a) $\left(\frac{3}{4} + \frac{1}{8}\right) - \frac{3}{16}$
   b) $\frac{5}{6} - \left(\frac{1}{6} - \frac{1}{12}\right)$
   c) $\left(\frac{2}{3} - \frac{2}{9}\right) \cdot \frac{3}{4}$
   d) $\frac{2}{3} : \left(\frac{1}{2} + \frac{1}{6}\right)$
   e) $\frac{11}{12} + \frac{5}{8} : \frac{3}{4}$
   f) $2 \cdot \frac{3}{4} + \frac{1}{4}$
   g) $\frac{3}{4} \cdot \frac{2}{9} + \frac{5}{8} \cdot \frac{2}{3}$
   h) $1\frac{1}{2} \cdot 2\frac{2}{3} - \frac{3}{10} : \frac{4}{5}$
   i) $2\frac{7}{8} - 1\frac{1}{6}$

14. Berechne.
   a) $1\frac{1}{4} \cdot \frac{2}{3} + \frac{5}{12}$
   b) $2\frac{1}{2} - \frac{1}{3} \cdot \frac{1}{2}$
   c) $7\frac{3}{8} : \left(\frac{3}{4} + \frac{5}{6}\right)$
   d) $\left(2 + 1\frac{1}{4}\right) - \left(\frac{1}{4} + \frac{7}{8}\right)$

15. Eine Cola-Flasche fasst $\frac{7}{10}$ Liter. Diese Flasche ist noch zu $\frac{3}{5}$ gefüllt. Wie viel ist aus dieser Flasche schon getrunken worden?

16. Subtrahiere von $6\frac{1}{3}$ die Summe der Zahlen $2\frac{1}{6}$ und $3\frac{5}{12}$.

17. Bestimme für x die richtige Zahl.
   a) $2\frac{7}{8} \cdot x = 2\frac{15}{16}$
   b) $x - 5\frac{3}{7} = 2\frac{1}{5}$

18. Berechne.
   a) $\frac{7}{16} \cdot 2\frac{2}{7} \cdot \frac{4}{9}$
   b) $1\frac{4}{5} : \frac{18}{25}$
   c) $2\frac{3}{16} + 1\frac{1}{10} + 3\frac{9}{20}$
   d) $\left(\frac{4}{9} + \frac{3}{4}\right) \cdot \frac{2}{7}$
   e) $1\frac{9}{14} \cdot \frac{14}{23} \cdot 10\frac{11}{12}$
   f) $3\frac{3}{12} : 2\frac{1}{6}$
   g) $9\frac{1}{6} - 1\frac{4}{9} - 5\frac{1}{2}$
   h) $2\frac{1}{2} : \frac{3}{5} + \frac{1}{4} : \frac{3}{5}$
   i) $\frac{3}{5} \cdot 2\frac{1}{3} + \left(\frac{5}{8} : \frac{5}{7} - \frac{3}{4} \cdot \frac{2}{9}\right)$
   j) $\left(3\frac{1}{5} + 1\frac{7}{12}\right) \cdot \left(1\frac{13}{14} - \frac{1}{2}\right) \cdot 3\frac{3}{4}$

Grundrechenarten in der Bruchrechnung

K3
K5

19. Ein LKW der Firma Göttke darf insgesamt $24\frac{1}{2}$ t laden. Bei der Firma Vahrmann werden $7\frac{1}{5}$ t geladen; bei der Firma Knies $4\frac{3}{4}$ t und bei der Firma Hollmann $6\frac{1}{2}$ t.
Wie viel darf bei der Firma Emke zuletzt noch geladen werden?

20. Ein Auto legt auf der Autobahn 425 km in $3\frac{2}{5}$ Stunden zurück.
Berechne die durchschnittliche Geschwindigkeit dieses Autos pro Stunde.

K2

21. Zahlenrätsel. Stelle aus dem Text jeweils den Term auf und bestimme dann den richtigen Wert.

 a) Dividiert man eine bestimmte Zahl durch $\frac{5}{12}$, so erhält man 15.

 b) Multipliziert man eine bestimmte Zahl mit $4\frac{2}{3}$, so erhält man das Dreifache der Summe der Zahlen $2\frac{1}{2}$ und $1\frac{1}{5}$.

22. Für die Fußballer mixt die Vereinswirtin Rosi Apfelsaft und Mineralwasser. Sie mischt $5\frac{5}{6}$ Liter Apfelsaft mit $4\frac{2}{3}$ Liter Mineralwasser. Das Getränk füllt die Vereinswirtin in Flaschen, die $\frac{7}{10}$ Liter fassen können.
Wie viele Flaschen kann sie mit dem Mixgetränk füllen?

23. Herr Gluche hat ein neues Auto für 21 400,– Euro bestellt. Herr Gluche zahlt $\frac{3}{5}$ des Kaufpreises an. Der Autohändler nimmt Herrn Gluches altes Auto für 2 800,– Euro in Zahlung. Den Restbetrag will Herr Gluche in 12 gleichen Monatsraten abbezahlen.
Berechne die Höhe einer Monatsrate.

K2

24. Bestimme für x die richtige Zahl.

 a) $3\frac{2}{5} \cdot x = 2\frac{3}{10}$

 b) $x : 4\frac{4}{9} = \frac{2}{5}$

 c) $3\frac{1}{4} - x + \frac{2}{9} = 2\frac{5}{12}$

25. Berechne.

 a) $5\frac{1}{2} - \left(\frac{4}{9} + 1\frac{2}{5}\right)$

 b) $6\frac{1}{4} \cdot \left(2\frac{1}{6} + 1\frac{3}{10}\right)$

 c) $\left(2\frac{5}{6} + 1\frac{7}{10}\right) : \frac{4}{25}$

 d) $3\frac{1}{3} \cdot 1\frac{1}{5} + \frac{9}{10} : 1\frac{4}{5}$

26. Gemüsegroßhändler Landwehr hat während einer Woche folgende Mengen Kartoffeln verkauft: Montag $5\frac{1}{2}$ t, Dienstag $7\frac{3}{4}$ t, Mittwoch $9\frac{7}{8}$ t, Donnerstag $6\frac{1}{4}$ t, Freitag $7\frac{3}{5}$ t und Samstag $4\frac{1}{2}$ t.
Berechne,

 a) wie viele Tonnen Kartoffeln in dieser Woche vom Großhändler Landwehr insgesamt verkauft wurden,

 b) wie viele Tonnen es in dieser Woche pro Tag durchschnittlich waren.

Grundrechenarten in der Bruchrechnung

27. Berechne.
a) $2\frac{3}{4} \cdot \frac{4}{33} + 5\frac{2}{3} : 2\frac{3}{4}$
b) $12\frac{1}{4} : \frac{3}{7} + \frac{14}{5} \cdot 2\frac{1}{4}$
c) $\left(1\frac{2}{5} - \frac{7}{15} + 1\frac{5}{12}\right) \cdot \frac{12}{25}$

28. Eine Gartenfläche von $2\frac{3}{4}$ a ist auf $1\frac{1}{2}$ a mit Sträuchern bepflanzt. Der Rest ist Rasen. Welcher Bruchteil der gesamten Gartenfläche ist Rasen?

29. Berechne.
a) $\left(28\frac{1}{2} - 15\frac{2}{3}\right) \cdot \left(3\frac{4}{5} + \frac{4}{9}\right) : \left(\frac{1}{3} + \frac{2}{5} - \frac{1}{4} - \frac{1}{60}\right)$
b) $\left(1\frac{16}{65} : 2\frac{1}{13}\right) + \left(\frac{36}{81} \cdot 1\frac{1}{8} \cdot \frac{2}{27}\right) - \left(2\frac{10}{16} : 4\frac{3}{8}\right)$

30. Herr Deeken vererbt $\frac{7}{8}$ seines Vermögens seinem Sohn Ignatz. Dieser gibt $\frac{3}{4}$ von dem, was er bekommen hat, an seine Tochter Despina weiter.
a) Welchen Teil des Gesamtvermögens behält Sohn Ignatz?
b) Welchen Teil des Gesamtvermögens bekommt die Enkelin Despina?

31. Ein Eimer fasst $7\frac{1}{2}$ Liter. Er ist zu $\frac{3}{4}$ gefüllt. Max gießt noch $1\frac{1}{4}$ Liter in den Eimer. Wie viel könnte Max noch zugießen, wenn er den Eimer bis zum Rand füllen wollte?

32. Stelle die Terme auf und berechne sie dann.
a) Multipliziere die Summe der Zahlen $2\frac{1}{3}$ und $4\frac{3}{4}$ mit der Zahl $1\frac{1}{4}$.
b) Dividiere die Differenz der Zahlen $3\frac{3}{8}$ und $2\frac{1}{4}$ durch die Summe der Zahlen $5\frac{1}{6}$ und $1\frac{1}{3}$.
c) Subtrahiere das Produkt der Zahlen $2\frac{3}{5}$ und $1\frac{1}{13}$ von 7.

33. Landwirt Westerheide hat einen Acker, der $2\frac{1}{2}$ ha groß ist. Ein Teil dieser Fläche ist mit Mais bepflanzt. Die restliche Fläche von $1\frac{1}{3}$ ha ist mit Roggen bepflanzt. Welcher Bruchteil des Gesamtackers ist mit Mais bepflanzt?

34. Frau Winkler geht gerne spazieren. Sie legt etwa $4\frac{1}{2}$ km pro Stunde zurück. Wie lange wird sie für 15 km benötigen? Gib das Ergebnis in Stunden und Minuten an.

35. Obstgroßhändler Kreutzmann kauft $\frac{3}{4}$ t Orangen. $\frac{3}{5}$ dieser Orangen kann er sofort weiterverkaufen. Vom Rest muss er schließlich $\frac{1}{12}$ wegen Fäulnis wegwerfen.
a) Wie viel Tonnen hat Herr Kreutzmann sofort verkaufen können?
b) Wie viel Tonnen musste er am Schluss entsorgen?
c) Wie viel Tonnen hat er insgesamt verkaufen können?

36. In der Maschinenfabrik Tölke werden 96 Kisten mit Maschinenteilen verladen. Jede Kiste wiegt $95\frac{1}{2}$ kg. Die Firma Tölke hat Gabelstapler, die jeweils eine Tragkraft von $\frac{3}{4}$ t haben. Wie viele Transportfahrten sind zum Verladen der 96 Kisten notwendig?

Grundrechenarten in der Bruchrechnung

37. Eine Schule hat 805 Schüler. $\frac{3}{5}$ aller Jugendlichen sind Mädchen. $\frac{2}{7}$ der Mädchen kommen von auswärts.
  a) Welcher Anteil aller Jugendlichen sind auswärtige Mädchen?
  b) Wie viele Mädchen kommen aus dem Schulort?

38. An einer Wahl haben sich $\frac{7}{9}$ der Wahlberechtigten beteiligt. $\frac{3}{4}$ der Wähler stimmten mit „Ja". Welcher Bruchteil **der Wahlberechtigten** stimmte mit „Nein"?

39. Bei einer Verlosung gibt es zwei Lostöpfe. In dem Topf **A** sind $\frac{9}{20}$ aller Lose Gewinne und $\frac{1}{8}$ der Gewinne sind Hauptgewinne. In Topf **B** sind $\frac{7}{15}$ aller Lose Gewinne und $\frac{1}{10}$ der Gewinne sind Hauptgewinne.
Berechne den Chancenunterschied auf einen Hauptgewinn zwischen den beiden Lostöpfen.

40. $\frac{7}{8}$ kg einer Flüssigkeit wird in eine $1\frac{2}{5}$ kg schwere Flasche gefüllt und dann in einer $2\frac{3}{4}$ kg schweren Kiste mit 8 Flaschen der gleichen Art und mit der gleichen Füllung verpackt.
Wie schwer ist diese Kiste dann?

41. Berechne.
  a) $\frac{2}{3} + 1\frac{3}{4} - \frac{3}{5} + \frac{1}{6} + \frac{9}{10} - \frac{5}{12} - 1\frac{2}{15} + \frac{9}{20} - \frac{4}{5}$ c) $4\frac{3}{8} - 3 : 1\frac{1}{5} - 1\frac{7}{8}$
  b) $3\frac{8}{9} \cdot 2\frac{4}{7} - 10\frac{6}{25} : 1\frac{1}{15}$ d) $2\frac{3}{7} : \frac{2}{15} - \frac{3}{7} : \frac{2}{15}$

42. Herr Blömer, der Hauptaktionär einer Aktiengesellschaft, besitzt zunächst $\frac{17}{40}$ aller Aktien. Später bekommt er noch $\frac{1}{5}$ der Gesamtaktien hinzu. Danach verkauft er ein Drittel seiner Aktien. Welchen Bruchteil der Gesamtaktien dieser Gesellschaft besitzt Herr Blömer dann noch?

43. Berechne.
  a) $4\frac{1}{6} - \left[3\frac{3}{4} : \left(\frac{5}{8} + \frac{1}{2}\right)\right]$ d) $\left[\left(\frac{5}{9} \cdot \frac{3}{4}\right) : 1\frac{3}{4} + \frac{2}{3}\right] \cdot 3\frac{1}{2}$
  b) $\frac{7}{8} : \left[\frac{1}{30} - \left(\frac{11}{24} - \frac{9}{20}\right)\right]$ e) $\left[\left(2\frac{3}{5} \cdot 10 - 10\frac{5}{12}\right) : 3 - \frac{1}{3}\right] \cdot \frac{4}{5}$
  c) $\left[\left(\frac{1}{8} : \frac{1}{6} + \frac{1}{2}\right) \cdot \frac{2}{15}\right] \cdot 4\frac{2}{7}$

44. Belege durch Zahlenbeispiele, dass die folgenden Aussagen falsch sind.
  a) Wenn man zu einer Bruchzahl eine andere Bruchzahl addiert, dann erhält man als Ergebnis der Summe immer auch eine Bruchzahl.
  b) Das Produkt zweier Bruchzahlen ist immer größer als jeder Faktor.
  c) Stelle eine weitere Behauptung dieser Art auf. Tausche dich mit einem Partner über eure Aussagen aus.

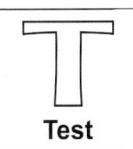

Grundrechenarten in der Bruchrechnung

K3
K5

Hinweis: Schreibe bei allen Aufgaben die Ergebnisse bis zur Grunddarstellung gekürzt oder (falls möglich) in gemischter Schreibweise auf.

* 1. Berechne.

   a) $\dfrac{8}{9} - \dfrac{5}{6}$

   b) $2\dfrac{4}{5} + 1\dfrac{3}{10}$

   c) $4\dfrac{2}{5} \cdot \dfrac{10}{11}$

   d) $\dfrac{5}{12} : \dfrac{8}{9}$

* 2. Bestimme.

   a) $\dfrac{6}{7}$ von 420 kg

   b) $1\dfrac{2}{3}$ sind 150,– Euro

* 3. Frau Westerheide hat eingekauft:
   $1\dfrac{3}{4}$ kg Reis, $2\dfrac{1}{2}$ kg Mehl und $\dfrac{5}{6}$ kg Käse.
   Wie schwer ist der Inhalt ihrer Einkaufstasche?

* 4. Landwirt Kreutzmann vererbt $12\dfrac{1}{2}$ ha Land gleichmäßig an seine drei Kinder.
   Wie viel Land bekommt jedes Kind des Landwirtes Kreutzmann?

** 5. Berechne.

   a) $\dfrac{8}{9} \cdot \left(\dfrac{3}{4} + \dfrac{1}{8}\right)$

   b) $\left(\dfrac{1}{3} - \dfrac{1}{4}\right) : \dfrac{1}{2}$

   c) $2 - \dfrac{3}{4} \cdot \dfrac{2}{9}$

   d) $\dfrac{7}{9} \cdot \dfrac{6}{7} + \dfrac{3}{4} \cdot \dfrac{8}{9}$

   e) $5\dfrac{1}{14} - 2\dfrac{1}{4} \cdot 1\dfrac{1}{7}$

   f) $\left(9 - 2\dfrac{5}{8}\right) : 1\dfrac{1}{4}$

Grundrechenarten in der Bruchrechnung

Hinweis: Schreibe bei allen Aufgaben die Ergebnisse bis zur Grunddarstellung gekürzt oder (falls möglich) in gemischter Schreibweise auf.

* 1. Bestimme für x die richtige Zahl.
   a) $x - 6\frac{13}{14} = 2$
   b) $x \cdot \frac{1}{2} = 7\frac{1}{6}$

* 2. Stelle jeweils den Term auf und berechne ihn dann.
   a) Multipliziere die Summe aus $3\frac{1}{12}$ und $8\frac{1}{6}$ mit $\frac{1}{30}$.
   b) Dividiere die Differenz der Zahlen $9\frac{1}{7}$ und $2\frac{5}{8}$ durch $1\frac{1}{4}$.

* 3. Für die 630 km lange Strecke von Hannover-Hauptbahnhof nach München Hauptbahnhof benötigt ein ICE $6\frac{1}{2}$ Stunden.
   Berechne die Durchschnittsgeschwindigkeit dieses Zuges.

* 4. Berechne. Beachte Rechenvorteile.
   a) $\frac{2}{9} + \frac{3}{7} + \frac{7}{9}$
   b) $1\frac{3}{10} \cdot \frac{43}{51} \cdot \frac{5}{26} \cdot 1\frac{16}{86}$
   c) $\frac{6}{12} + \frac{1}{19} + \frac{4}{8}$

* 5. Für eine Feier wurden 3 Kisten Limonade mit jeweils 12 Flaschen eingekauft. Jede Flasche enthielt $\frac{7}{10}$ Liter Limonade.
   a) Wie viel Liter Limonade wurden eingekauft?
   b) Wie viel Liter wurden davon getrunken, wenn $\frac{1}{4}$ von der Limonade übrig geblieben ist?

* 6. Berechne.
   a) $5\frac{1}{14} - 2\frac{1}{4} \cdot 1\frac{1}{7}$
   b) $\frac{1}{2} : \left(4\frac{2}{3} - 3 - \frac{3}{4}\right)$
   c) $5\frac{5}{6} : \left(7 - 4\frac{5}{13} \cdot 1\frac{1}{12}\right)$

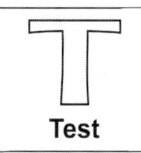

Grundrechenarten in der Bruchrechnung

K3
K5

Hinweis: Schreibe bei allen Aufgaben die Ergebnisse bis zur Grunddarstellung gekürzt oder (falls möglich) in gemischter Schreibweise auf.

* 1. Der Motor eines Rasenmähers verbraucht pro Stunde $\frac{7}{8}$ Liter Benzin. Berechne den Verbrauch dieses Rasenmähers in $2\frac{1}{2}$ Arbeitsstunden.

* 2. Bestimme für x die richtige Zahl.

   a) $2\frac{3}{4} - x = 1\frac{2}{5}$

   b) $x : \frac{5}{6} = 2\frac{1}{3}$

** 3. Berechne.

   a) $6\frac{2}{9} : 5\frac{5}{6}$

   b) $5 - 2\frac{3}{8} + \frac{3}{4} - 1\frac{4}{5}$

   c) $4\frac{1}{2} \cdot 3\frac{1}{3} \cdot \frac{6}{7} \cdot \frac{3}{10}$

** 4. Stelle den Term auf und berechne ihn dann.

   a) Multipliziere die Summe der Zahlen $2\frac{1}{3}$ und $4\frac{3}{4}$ mit $1\frac{1}{5}$.

   *** b) Subtrahiere die Differenz der Zahlen $2\frac{1}{4}$ und $1\frac{3}{5}$ von dem Produkt der Zahlen $1\frac{1}{3}$ und $\frac{7}{8}$.

** 5. Mutter Wilkens mixt bei der Vorbereitung eines Geburtstagsfestes $8\frac{3}{4}$ Liter Apfelsaft mit $4\frac{2}{5}$ Liter Mineralwasser.

   Wie viel könnte jedes Kind bei dem Fest durchschnittlich davon trinken, wenn 10 Kinder erwartet werden?

*** 6. Berechne.

   a) $1\frac{1}{5} \cdot 1\frac{2}{3} + \left(1\frac{1}{4} : 1\frac{3}{7} - 1\frac{1}{2} \cdot \frac{4}{9}\right)$

   b) $\left(2\frac{1}{5} + 1\frac{1}{6}\right) \cdot \left(1\frac{13}{14} - \frac{1}{2}\right) \cdot 3\frac{3}{4}$

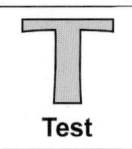

Grundrechenarten in der Bruchrechnung

K3
K5

Hinweis: Schreibe bei allen Aufgaben die Ergebnisse bis zur Grunddarstellung gekürzt oder (falls möglich) in gemischter Schreibweise auf.

1. Berechne.
   a) $1\frac{2}{7} \cdot 4\frac{2}{3} \cdot 3\frac{1}{5} \cdot 3\frac{1}{8}$
   b) $13\frac{2}{3} : 10\frac{1}{4} + \frac{6}{7} \cdot 1\frac{3}{4}$
   c) $\left(17\frac{2}{5} - 14\frac{5}{6}\right) \cdot \left[\left(1\frac{3}{7} + \frac{1}{14}\right) \cdot \frac{6}{11}\right]$
   d) $\left[\left(9\frac{1}{3} : 4\frac{1}{5}\right) : \left(1\frac{1}{3} \cdot 1\frac{1}{6}\right)\right] + \frac{4}{7}$

2. Bestimme für x die richtige Zahl.
   a) $\frac{2}{3} \cdot x = 9\frac{3}{5} : 12$
   b) $4\frac{3}{8} - x = 1\frac{5}{6} + \frac{7}{9}$

3. Stelle den Term auf und berechne ihn dann.
   Dividiere die Differenz aus $6\frac{5}{8}$ und $4\frac{1}{2}$ durch das Produkt aus den Zahlen $1\frac{1}{3}$ und $\frac{2}{5}$.

4. Die Süßwarenhandlung Vahrmann stellt eine Pralinenmischung zusammen. Es werden $1\frac{4}{5}$ kg Kirschpralinen, $2\frac{2}{3}$ kg Nusspralinen und $2\frac{3}{4}$ kg Schokopralinen mit Mandelsplitter gemischt. Schließlich werden Marzipankügelchen hinzugegeben, bis 8 kg in der Mischtrommel sind.
   Wie viele Marzipankügelchen müssen eingefüllt werden, wenn pro Kilogramm genau 120 Kügelchen benötigt werden?

5. Von den 660 Mitgliedern eines Sportvereins betreiben $\frac{3}{4}$ aktiv Sport. $\frac{4}{5}$ davon spielen Fußball. In der Fußballabteilung sind $\frac{1}{12}$ Mädchen.
   a) Welcher Bruchteil der Vereinsmitglieder spielt Fußball?
   b) Wie viele Mädchen spielen in diesem Verein Fußball?

Dezimalbrüche

K3 K5

* 1. Schreibe als Bruch. Kürze jeweils bis zur Grunddarstellung.
     - a) 3,5
     - b) 4,8
     - c) 6,27
     - d) 8,38
     - e) 0,341
     - f) 27,01
     - g) 13,007
     - h) 100,105
     - i) 0,08

* 2. Schreibe als Dezimalbruch.
     - a) $5\frac{1}{10}$
     - b) $3\frac{13}{100}$
     - c) $\frac{5}{1000}$
     - d) $\frac{97}{100}$
     - e) $6\frac{1}{100}$
     - f) $1\frac{21}{1000}$

* 3. Schreibe als Dezimalbruch.
     - a) $\frac{17}{100}$
     - b) $\frac{1}{2}$
     - c) $\frac{3}{4}$
     - d) $1\frac{1}{2}$
     - e) $\frac{1}{4}$
     - f) $\frac{2}{5}$
     - g) $1\frac{1}{5}$
     - h) $6\frac{3}{5}$
     - i) $5\frac{3}{4}$
     - j) $7\frac{1}{4}$
     - k) $3\frac{7}{10}$

* 4. Ordne der Größe nach.
     - a) 0,256 / 0,245 / 0,2456
     - b) 4,199 / 4,1991 / 4,1899
     - c) 0,199 / $\frac{1}{5}$ / $\frac{3}{6}$
     - d) 10,04 / 10,041 / 10,111 / 10,4011
     - e) 3,8 / 3,0801 / 3,18 / 3,080

* 5. Addiere schriftlich.
     - a) 31 245,78
           45 719,03
            2 746,8
              177,34
     - b) 20 001,2798
               465,0019
             2 341,967
            98 673,0864
     - c)   45,9201
            3 876,084
           34 120,1007
            1 000,1111

* 6. Subtrahiere schriftlich.
     - a) 734 562,8534
             2 345,8161
            54 001,1102
           100 056,267
     - b) 93 876,894
           3 459,01
             425,3
     - c) 34 517,0
           2 456,123
             841,007

* 7. Multipliziere schriftlich.
     - a) 345,6 · 41,8
     - b) 256,02 · 72,5
     - c) 0,012 · 0,5
     - d) 12,78 · 53,1
     - e) 1,5 · 0,2
     - f) 1,003 · 4,002
     - g) 100,5 · 2,67
     - h) 20,23 · 2,61
     - i) 30,01 · 0,02
     - j) 910,67 · 1,22
     - k) 413,2 · 0,009
     - l) 0,005 · 89

Dezimalbrüche

* 8. Dividiere schriftlich.
   a) 1 313,6 : 8
   b) 657,06 : 15
   c) 72,082 : 21
   d) 1,9005 : 0,7
   e) 58,872 : 1,2
   f) 0,06534 : 0,09
   g) 62,4026 : 1,3
   h) 1,4952 : 0,06
   i) 819,071 : 19

* 9. Addiere und subtrahiere schriftlich.
   a) 2 345,73 + 123,009 + 23,71
   b) 962,04 – 3,87 – 23,08 – 12,56
   c) 3 456,023 + 23,91 + 3,12 + 0,1234 + 5
   d) 9 867,01 – 100,003 – 2,83 – 3 000,67

* 10. Übertrage die Zahlen in dein Heft und setze eines der Zeichen < **oder** > richtig ein.
   a) 0,538   0,605
   b) 0,2876   0,287
   c) 0,732   0,729
   d) 2,7352   2,73
   e) 5,892   5,829
   f) 0,7485   0,75

* 11. Übertrage die Zahlen wie hier aufgeführt in dein Heft und verbinde dann gleichwertige Zahlen.

   a) $\frac{1}{4}$ 0,2
   $\frac{1}{25}$ 0,8
   $\frac{7}{10}$ 0,25
   $\frac{4}{5}$ 0,7
   $\frac{1}{20}$ 0,04
   $\frac{1}{5}$ 0,05

   b) $\frac{3}{4}$ 0,25
   $\frac{3}{6}$ 0,5
   $\frac{3}{12}$ 0,6
   $\frac{3}{5}$ 0,75
   $\frac{1}{10}$ 0,4
   $\frac{2}{5}$ 0,100

* 12. Runde auf Zehntel (z), auf Hundertstel (h) bzw. Tausendstel (t).
   a) 10,1473 (h)
   b) 4,2999 (t)
   c) 0,77777 (h)
   d) 3,7586 (z)
   e) 17,30807 (h)
   f) 3,845648 (t)
   g) 1,75341 (t)
   h) 0,0467 (z)
   i) 8,0808 (z)

* 13. Berechne.
   a) 4,2357 + 17,6529 + 128,7645 + 0,7683
   b) 1,57 + 4,055 + 3,5 + 6,38 + 39,184
   c) 44,3 – 9,015 – 14,56 – 8,85

* 14. Frau Wantia kauft für ihren Sohn David Turnschuhe für 95,50 Euro, einen Trainingsanzug für 83,95 Euro und eine Sporthose für 18,65 Euro. Sie bezahlt mit zwei 100-Euro-Scheinen.
   Wie viel Geld bekommt Frau Wantia zurück?

* 15. Ein Lieferwagen der Firma Elbers darf mit 1,8 t beladen werden. Es sind bislang 0,425 t und 0,95 t aufgeladen worden.
   Wie viel darf auf diesen Lieferwagen noch zugeladen werden?

Dezimalbrüche

* 16. Auf See werden Entfernungen in Seemeilen (sm) gemessen: 1 sm = 1,852 km.
  Der Seeweg von Wilhelmshaven nach London beträgt 320 sm.
  Berechne diese Entfernung in km.

* 17. Ein LKW mit einer Ladefähigkeit von 3 t soll Dachziegel zu einer Baustelle bringen.
  Ein Dachziegel wiegt 2,5 kg.
  Wie viele Dachziegel darf dieser LKW laden?

* 18. Berechne.
  a) 31,05 + 287 + 0,999 + 13,5
  ‡ b) 12 kg 350 g + 3 kg 60 g + 8 kg 4 g + 230 g
  ‡ c) 100 · 56,89 + 10 · 42,17 + 100,7
  ‡ d) 3,57 · 0,21 + 1,02 · 87,5

* 19. Alexander hat beim Training für den 100-Meter-Lauf an einem Tag folgende Zeiten erzielt:
  13,2 s / 12,9 s / 13 s / 12,8 s / 13,3 s.
  Berechne die Durchschnittszeit für einen Trainingslauf an diesem Tag.

* 20. Berechne.
  a) 17,3 + 29,008 + 41,39 + 105,78
  b) 846,1 – 309,37 – 0,975 – 142,048
  c) 19,08 · 1,27

* 21. Berechne.
  a) 7,256 · 907
  b) 1,009 · 0,98

* 22. Der Lastkahn „Anna Maria" hat 1 400 t Kohlen geladen.
  Wie viele Güterwagen mit einer Ladekapazität von 17,5 t werden benötigt, um diese Ladung auf dem Schienenweg zu transportieren?

‡ 23. Forme um durch Division.
  a) $\frac{3}{8}$ e) $\frac{3}{16}$ i) $\frac{5}{8}$ m) $\frac{2}{9}$
  b) $\frac{6}{20}$ f) $\frac{29}{25}$ j) $\frac{5}{9}$ n) $\frac{5}{12}$
  c) $\frac{11}{4}$ g) $\frac{10}{40}$ k) $\frac{1}{22}$
  d) $\frac{7}{2}$ h) $\frac{7}{3}$ l) $\frac{1}{7}$

‡ 24. Ordne die Zahlen der Größe nach.
  a) 0,3 / 0,$\overline{3}$ / 0,33 / 0,334 / 0,333
  b) 0,$\overline{1}$ / 0,1 / 0,11 / 0,$\overline{01}$ / 0,01
  c) 0,16 / 0,$\overline{16}$ / 0,166 / 0,167 / 0,17
  d) 0,7 / 0,78 / 0,$\overline{7}$ / 0,77 / 0,$\overline{78}$

‡ 25. Berechne.
  a) 19,08 · 1,27   b) 0,3290 : 0,14   c) 3,07 · 7,18 – 14,52

Dezimalbrüche

26. Nach der Klassenfahrt der 6f blieben noch 71,30 Euro vom eingesammelten Geld übrig. Dieser Betrag soll gleichmäßig an die 28 Schüler verteilt werden.
Wie viel Geld erhält jeder Schüler zurück? Runde sinnvoll.

27. Ordne der Größe nach.

a) $0,\overline{375}$ / $\frac{4}{8}$ / $0,375$ / $0,38$ / $\frac{4}{9}$
b) $1,783$ / $1,782$ / $1,7890$ / $\frac{17}{10}$

28. Multipliziere die Summe aus 3,58 und 2,97 mit der Differenz aus 25,48 und 1,9.

29. Dividiere die Differenz der Zahlen 76,89 und 2,890 durch die Zahl 7.

30. Ein Lieferwagen der Firma Berens darf mit 1,8 t beladen werden. Es sind schon 27 Kisten mit je 45,8 kg aufgeladen worden.
Wie viel Gewicht darf höchstens noch zugeladen werden?

31. Schreibe die Brüche als Dezimalbrüche. Runde dann wie angegeben.

a) $\frac{3}{16}$ (h)   b) $\frac{17}{22}$ (t)   c) $\frac{2}{3}$ (z)   d) $\frac{9}{11}$ (t)

32. Berechne.

a) 0,0329 : 0,014
b) 3,07 · 7,18 − 14,52
c) 0,01924 : 5,2 − 0,0018

33. Berechne.

a) $0,69 + \frac{1}{5}$
b) $\frac{3}{4} - 0,27 - 0,093$
c) $4,325 : \frac{1}{4}$
d) $\frac{7}{8} \cdot 0,3 + 1,41$

34. Multipliziere die Summe aus 93,24 und 69,857 mit der Differenz aus 37,8 und 19,92.

35. Berechne.

a) $935,2052 : \frac{3}{20}$
b) 12 102,909 : 2,1
c) 32,56 − 54,8 + 69,3 − 18 + 33,275 − 19,52
d) $35,2 \cdot \frac{3}{5} + 1,2 \cdot 28,4$
e) 0,95 · 3,6 − 0,637
f) (34,3 − 28,8) · (0,984 − 0,046)

36. Ein Güterwagen hat eine Tragfähigkeit von 50 t. Es werden 12 Stahlträger zu je $2\frac{1}{4}$ t und 40 Rohre zu je 0,275 t verladen.
Mit welchem Gewicht darf dieser Güterwagen noch zusätzlich beladen werden?

37. Berechne.

a) 0,2025 : 0,045
b) 65 : 0,013
c) 42,356 : 15
d) (7,68 − 2,97) : 0,6
e) $(28,4 - 3,5) : (0,55 + \frac{1}{5})$

 **Dezimalbrüche**

38. Dividiere 18,96 durch die Summe aus 4,24 und 1,76.

39. 20 kg einer Ware kosten 264,– Euro.
    Wie viel kosten 45 kg dieser Ware?

40. Berechne.
    a) 2 408,51 − 45,976 − 6,2274 − 44 − 72,721
    b) 724,5 : 0,05 − (97,78 − 83,8985)
    c) 83,2 − 81,26 · 0,09 + 0,9876

41. Berechne.
    a) 32 m 4 cm + 8 m 52 cm + 2 m + 97 cm + 6 m 2 cm
    b) 9 kg 30 g + 875 g + 2 245 g − 1 kg − 3 kg 50 g

42. a) Subtrahiere die Differenz aus 95,04 und 47,2 von 210.
    b) Multipliziere die Summe aus 0,38 und 3,45 mit dem Quotienten aus 36,972 und $1\frac{4}{5}$.

43. Berechne.
    a) $14{,}52 + 3\frac{1}{2} - 6{,}04 - 14{,}546 + 9 + \frac{2}{5}$
    b) 7,644 : 0,12 − 2,47 · 1,028

44. Bestimme x.
    a) 15,2 − x + 1,03 = 7,6 − 2
    b) 16,5 · x = 13,0845
    c) x : 1,4 = 35,9

45. Der Wagen von Herrn Reichert verbraucht auf 100 km durchschnittlich 9,5 Liter Benzin. Der Tank dieses Autos fasst 40 Liter.
    Für wie viel Kilometer reicht eine Tankfüllung? Runde sinnvoll.

46. Frau Gluche will Waschmittel einkaufen. Im Regal sind 3-kg-Pakete zu 4,80 Euro und 4,5-kg-Pakete zu 6,84 Euro in der gleichen Qualität.
    Berechne den Preisunterschied pro Kilogramm.

47. Familie Winkler (2 Erwachsene/2 Kinder, 16 J. und 9 J.) unternimmt eine Bahnreise. (Kinder unter 15 Jahren fahren kostenlos in Begleitung eines Elternteils, 2 Familienmitglieder erhalten jeweils 25 % Rabatt über ihre Bahncard 25.). Familie Winkler bezahlt insgesamt 134,40 Euro.
    Berechne die jeweiligen Fahrpreise.

48. In der Winzerei Lengert werden an einem Tag aus einem 1 550-Liter-Tank 1 350 Flaschen zu je 0,7 Litern abgefüllt.
    a) Wie viel Liter sind dann noch in dem Tank?
    b) Wie viele 0,7-Liter-Flaschen können aus diesem Tank noch abgefüllt werden?

49. Multipliziere die Summe aus $\frac{3}{8}$, $2\frac{2}{5}$ und $1\frac{7}{10}$ mit 1,37 und subtrahiere dann die Differenz aus $2\frac{3}{4}$ und 1,952.

Dezimalbrüche

50. Herr Deeken hat auf seinem Girokonto am Ende des Monats Dezember folgenden Stand festgestellt: 284,16 Euro. Im Laufe des Januars gehen folgende Gutschriften für Herrn Deekens Konto bei der Bank ein: 18,50 Euro / 315,50 Euro / 1 884,17 Euro / 58,35 Euro. Im gleichen Zeitraum hebt Herr Deeken einige Beträge ab: 1 250,– Euro / 43,60 Euro / 17,75 Euro / 40,– Euro.
Berechne den Kontostand für das Ende des Monats Januar.

51. Marietta ist Kindermädchen und erhält für die Betreuung zweier Kinder für $4\frac{3}{4}$ Stunden 19,– Euro.
Wie viel Geld verdient sie bei dieser Tätigkeit in $2\frac{1}{2}$ Stunden?

52. Frau Emke kauft ein:
300 g Mettwurst, 400 g Schinken,
6 Bockwürste und 800 g Schweinefilet.
Sie bezahlt mit einem 50-Euro-Schein.
Wie viel Geld bekommt sie zurück?

ANGEBOTE		
Schinken	100 g	2,56 Euro
Mettwurst	100 g	1,49 Euro
Fleischwurst	100 g	0,89 Euro
Schweinefilet	100 g	1,79 Euro
Bockwürste	Stück	89 Cent

53. Von einem 100-Meter-Stoffballen wurden nacheinander 27,5 m, 13,75 m, 34,6 m und 12,90 m abgeschnitten.
Wie viele Kissenbezüge können aus dem Rest hergestellt werden, wenn pro Kissenbezug 90 cm Stoff benötigt werden?

54. Herr Vahrmann lässt sich in einem Modestudio einen Maßanzug anfertigen. Es werden 3,20 m Anzugstoff zu einem Preis von 72,50 Euro pro Meter benötigt. Für Futterstoff, Knöpfe und anderes Material berechnet die Firma Lammers 63,75 Euro. Die Anfertigung selbst kostet 165,50 Euro.
Berechne den Preis für Herrn Vahrmanns Anzug.

55. Frau Engelmann kauft eine Garnitur Trinkgläser, bestehend aus 6 Weingläsern, 6 Sektkelchen und 6 Sektschalen. Der Preis beträgt insgesamt 313,20 Euro. Das Preisschild sagt aus, dass ein Weinglas 17,40 Euro kostet. Der Sektkelch kostet jeweils 1,80 Euro weniger als ein Weinglas.
Berechne den Preis einer Sektschale.

56. Subtrahiere vom Produkt der Zahlen 5,7 und 13,9 den Quotienten der Zahlen 235,19 und 29 und addiere dann zu dieser Differenz die Zahl 18,51.

57. Ein Transportfahrzeug mit einer Tragfähigkeit von 1,5 t hat 15 Pakete zu je 62,5 kg geladen. Es sollen noch Kisten zu je 42,5 kg transportiert werden.
Wie viele dieser Kisten dürfen höchstens noch zugeladen werden?

58. Frau Bokern arbeitet von montags bis donnerstags täglich 8 Stunden in einer Kunststofffirma. Freitags arbeitet sie zwei Stunden weniger als an den anderen Tagen. Der Samstag und der Sonntag sind arbeitsfrei. Frau Bokern verdient pro Woche 414,20 Euro.
Berechne ihren Stundenlohn.

59. Ein Kasten Limonade der Marke „Goldbrunnen" enthält 12 Flaschen mit je $1\frac{1}{2}$ Liter Inhalt. Im Sonderangebot kostet der Kasten 14,16 Euro einschließlich 6,60 Euro Pfand.
Berechne den Preis pro Liter bei diesem Angebot.

60. Ein Schnelltriebwagen fährt durchschnittlich mit einer Geschwindigkeit von 19,6 m/s.
Welche Strecke legt dieser Schnelltriebwagen in einer Stunde zurück?

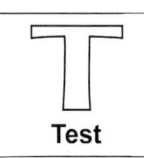

Dezimalbrüche

K3
K5

* 1. Übertrage und wandle um in Dezimalbrüche.
   a) $\frac{28}{100}$
   b) $\frac{12}{1000}$
   c) $\frac{37}{50}$
   d) $\frac{3}{4}$
   e) $\frac{2}{5}$

* 2. Übertrage und runde wie angegeben.
   a) 1,075 (z)
   b) 0,08 (h)
   c) 2,84564 (t)
   d) 2 299,758 (h)

* 3. Ein Gewinn von 146,– Euro wird auf 6 Personen gleichmäßig aufgeteilt. Wie viel Geld erhält jeder? Runde auf Cent.

K2

* 4. Übertrage und berechne.
   a) 125,6 – 68,06 – 12 – 14,81
   b) 7,305 · 1,84
   c) 33,462 : 0,9

** 5. Übertrage und berechne.
   a) 0,44551 : 0,013
   b) 2,4 : 6 + 1,8 · 0,25
   c) (14,5 + 3,27) · (27,1 – 4,55)

** 6. Herr Deeken kauft 3 Paar Socken für 5,95 Euro je Paar, 2 Hemden zu je 39,70 Euro und eine Krawatte für 21,95 Euro. Er bezahlt mit zwei 100-Euro-Scheinen. Wie viel Geld bekommt Herr Deeken zurück?

K2

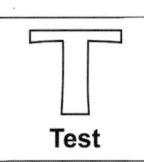

Dezimalbrüche

1. Berechne. Runde das Ergebnis auf die angegebene Stelle.
   a) 6,612 : 1,9 (z)
   b) 81,2 : 0,45 (h)

2. Übertrage und schreibe jeweils als Dezimalbruch.
   a) $\frac{3}{11}$
   b) $\frac{4}{9}$
   c) $2\frac{1}{5}$

3. Ordne die Zahlen nach der Größe. Beginne jeweils mit der kleinsten Zahl.
   a) 12,345 / 12,34 / 12,3045 / $12,\overline{34}$
   b) 0,751 / $\frac{3}{4}$ / $0,\overline{73}$ / $\frac{4}{5}$

4. Stelle jeweils den genannten Term auf und berechne ihn dann.
   a) Addiere das Produkt aus 0,6 und 0,8 zu dem Quotienten aus 12 und 2,5.
   b) Multipliziere die Summe aus 7,5 und 0,75 mit der Differenz aus 0,95 und 0,085.

5. Berechne.
   a) $78,5 - 3,5 \cdot 6,6$
   b) $0,96 : 1,6 + 0,5$
   c) $3,8 \cdot (10,15 - 8,5)$
   d) $\left(0,3 + \frac{1}{2}\right) \cdot \left(\frac{3}{8} - 0,05\right)$

6. Ein LKW der Firma Westerheide darf höchstens 7,5 t laden. Bisher sind 12 Rohre zu je 0,35 t verladen worden.
   Wie viele Rohre zu je 0,45 t dürfen noch verladen werden?

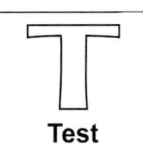

Dezimalbrüche

K3
K5

* 1. Bestimme die richtige Zahl für x.
   a) $6{,}2 + x = 10{,}45$
   b) $x \cdot 1{,}234 = 6{,}17$

* 2. Die Brauerei Melzer produziert stündlich 7 260 Liter Bier. Wie viele 0,33-Liter-Flaschen können damit gefüllt werden?

** 3. Übertrage und schreibe als Dezimalbruch.
   a) $3\frac{1}{4}$
   b) $\frac{1}{9}$
   c) $2\frac{3}{5}$
   d) $\frac{2}{3}$
   e) $\frac{7}{12}$

** 4. Ordne die Zahlen der Größe nach. Beginne mit der kleinsten Zahl. (<)
   $0{,}6$ / $\frac{1}{6}$ / $0{,}6\overline{5}$ / $0{,}\overline{65}$ / $\frac{33}{50}$ / $0{,}16$

** 5. Berechne.
   a) $27{,}204 : 0{,}8 + 6{,}23$
   b) $0{,}00084 : 0{,}7$
   c) $100 \cdot (436{,}95 + 17{,}126 + 8{,}3)$
   d) $\left(0{,}3 + \frac{1}{2}\right) \cdot \left(\frac{3}{8} - 0{,}05\right)$

** 6. Stelle jeweils den Term auf und berechne ihn dann.
   a) Multipliziere die Summe aus 18,5 und 14,26 mit 9,3.
   b) Dividiere 65,04 durch die Differenz aus 243,5 und 242,30.

** 7. In den USA werden Entfernungen oft in Meilen angegeben: 1 Meile = 1,609 km.
   Ein besonderer Marathonlauf geht über 26,2245 Meilen.
   Wie vielen Kilometern entspricht dieser Lauf? Runde auf Tausendstel.

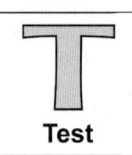

Dezimalbrüche

K3
K5

1. Bestimme jeweils x.
   a) 12,5 · x = 7,425
   b) x : 4,03 = 108,6

2. Stelle den Term auf und berechne ihn dann.
Subtrahiere vom Produkt der Zahlen 4,08 und 21,3 den Quotienten der Zahlen 0,786 und 0,015.

3. Berechne.
   a) 18,28 + 0,504 − 22,75 + 9,032 − 2,17
   b) 1,52 + 0,0375 · 12,4
   c) $\left(4\frac{1}{8} + 2{,}625\right) : \left(6\frac{1}{5} - 6{,}075\right)$

4. Übertrage und schreibe als Dezimalbrüche.
   a) $\frac{17}{125}$
   b) $\frac{42}{700}$
   c) $1\frac{7}{8}$
   d) $\frac{9}{7}$
   e) $\frac{23}{110}$

5. Ordne die Zahlen der Größe nach. Beginne mit der kleinsten Zahl.
0,43 / $\frac{2}{5}$ / $0{,}\overline{42}$ / $\frac{4}{9}$ / $\frac{43}{99}$ / $0{,}\overline{405}$

6. Herr Emke bringt sein Auto zur Inspektion in die Werkstatt. Es werden 5,4 Liter Öl zum Preis von 12,85 Euro pro Liter aufgefüllt. Verschiedene kleine Ersatzteile (Ölfilter, Luftfilter, Glühlampen etc.) berechnet die Firma Göttke mit 109,95 Euro. An Arbeitslohn werden $3\frac{1}{2}$ Stunden zu je 41,80 Euro in Rechnung gestellt.
Wie viel muss Herr Emke für diese Inspektion insgesamt bezahlen?

K2

7. Ein Förderband schafft 2,7 m³ Kies pro Minute an eine Laderampe.
Wie lange dauert es, bis 14 LKW-Ladungen herangeschafft sind, wenn eine LKW-Ladung durchschnittlich 9,45 m³ beträgt?

K2

# Geometrie

* 1. Ersetze die **Rechtsdrehung** passend durch eine **Linksdrehung** bzw. umgekehrt.
   a) R 135°   b) L 276°   c) L 87°   d) R 312°

* 2. Zeichne die Winkel der angegebenen Größen in dein Heft.
   a) 73°   b) 110°   c) 145°   d) 16°   ‡ e) 225°

* 3. Miss jeweils die drei Winkel **und** die drei Strecken. Notiere im Heft und bezeichne sorgfältig.

   a) 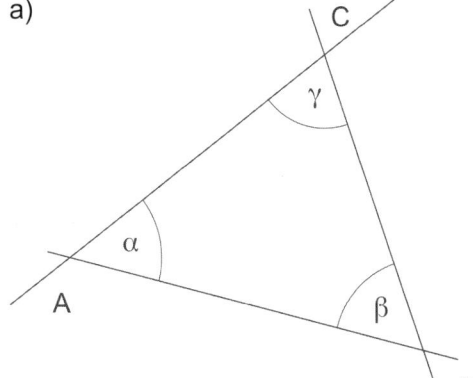   b)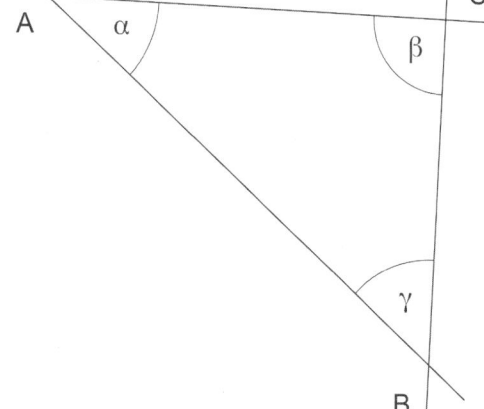

* 4. Zeichne eine Halbgerade a mit dem Anfangspunkt **S**. Zeichne eine zweite Halbgerade **b**, welche durch die angegebene Drehung um den Punkt **S** aus **a** entsteht.
   a) L 75°   b) L 175°   ‡ c) R 275°   ‡ d) R 375°

* 5. Bestimme die Winkel α, β, γ.

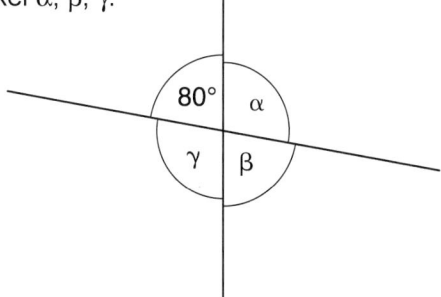

* 6. Miss die Winkel und Strecken des gezeichneten Dreiecks.
   Bezeichne richtig, so z. B. ∡BAC = α = ___

 **Geometrie**

* 7. Bestimme, ohne zu messen, die Winkelgrößen von α, β, γ. Notiere die Winkel im Heft.

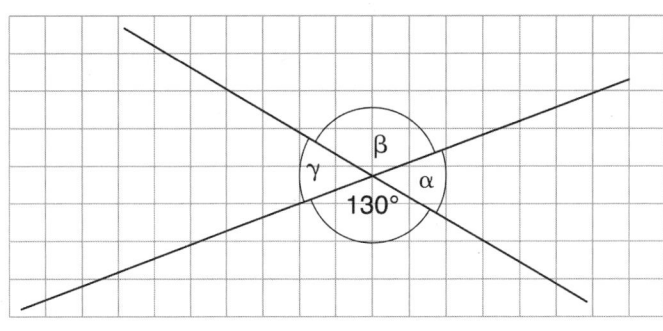

* 8. Zeichne in dein Heft einen Kreis
    a) mit dem Radius r = 3,6 cm
    b) mit dem Durchmesser d = 5,2 cm.

‡ 9. Übertrage die nebenstehende Figur maßstabsgerecht in dein Heft (Quadratseite = 6 cm).

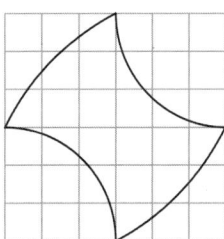

‡ 10. Um wie viel Grad dreht sich der große Uhrzeiger während folgender Zeitspannen?
    a) 30 min   b) 4 min   c) 12 min   d) 40 min   e) 56 min

‡ 11. Trage die genannten Winkel geordnet in einer Tabelle in dein Heft ein.
    46° / 145° / 90° / 210° / 91° / 360° / 275° / 4° / 100° / 135° / 30° / 180° / 99° / 89° / 355° / 121° / 12,5° / 190° / 300° / 111° / 180,1°
    spitze Winkel:
    rechte Winkel:
    stumpfe Winkel:
    gestreckte Winkel:
    überstumpfe Winkel:
    Vollwinkel:

‡ 12. Übertrage die untenstehende Figur und vervollständige sie dann nach der folgenden Anweisung.
    a) Zeichne eine Halbgerade **b**, welche durch eine Linksdrehung um α = 40° um den Punkt A aus **c** entsteht. (**b** und **a** sollen sich in C schneiden)
    b) Miss die drei entstandenen Winkel und Strecken. Bezeichne richtig.

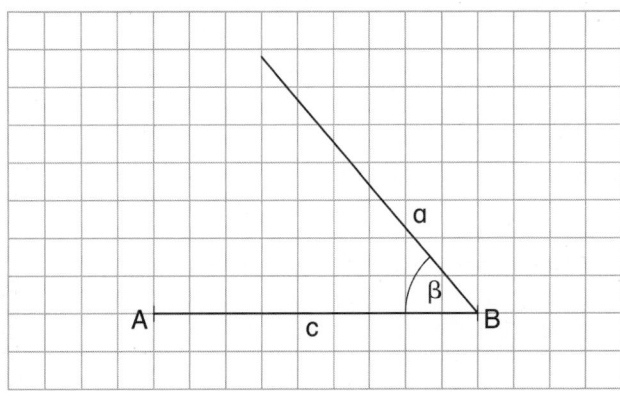

 **Geometrie**

13. Der Scheinwerfer eines Leuchtturmes benötigt für eine komplette Umdrehung 20 Sekunden. Wie groß ist der Winkel, der von dem Lichtbündel des Scheinwerfers in 4 Sekunden überstrichen wird?

K3
K5

14. Ein Zahnrad braucht für eine Umdrehung 48 Sekunden. Berechne die Drehzeit für
a) 90°   b) 30°   c) 120°   d) 270°.

K3
K5

15. Übertrage die vorgegebenen Figuren **maßstabsgerecht** in dein Heft.

a) 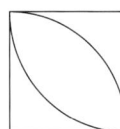   e)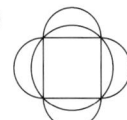

b) 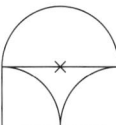   f)

c) 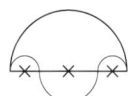   g)

d)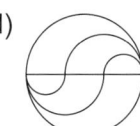

K4

16. Bestimme alle entstandenen Winkel, ohne zu messen. Bezeichne dabei im Heft eindeutig.

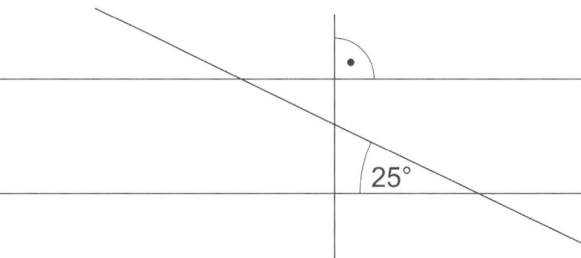

K3
K5

17. Zeichne die angegebenen Punkte in ein Koordinatensystem in dein Heft.
a) A (3 | 1)   B (5 | 6)   C (1 | 10)
b) R (4 | 2)   S (7 | 0)   T (9 | 3)   U (6 | 7)
c) Verbinde ABC zu einem Dreieck bzw. RSTU zu einem Viereck.
d) Bestimme die Winkel **und** die Strecken des Dreiecks und des Vierecks. Bezeichne sie richtig.

K3
K4

67

Geometrie

18. Übertrage die vorgegebenen Figuren maßstabsgerecht in dein Heft.

a) 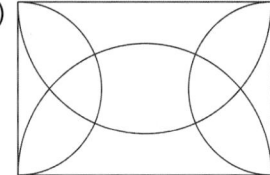 b)

19. Bestimme, ohne zu messen, alle entstandenen Winkel und notiere sie ordnungsgemäß in deinem Heft.

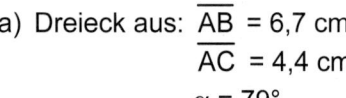

20. Konstruiere.

a) Dreieck aus: $\overline{AB}$ = 6,7 cm
$\overline{AC}$ = 4,4 cm
α = 79°

Miss: β und γ.

b) Viereck aus: $\overline{AB}$ = 8,5 cm
$\overline{AD}$ = 5,6 cm
α = 99°
β = 57°
γ = 134°

Miss: $\overline{BC}$ und $\overline{CD}$.

21. Bestimme alle entstandenen Winkel, ohne zu messen, und notiere die Ergebnisse in deinem Heft.

① β = 55°
② ι = 135°

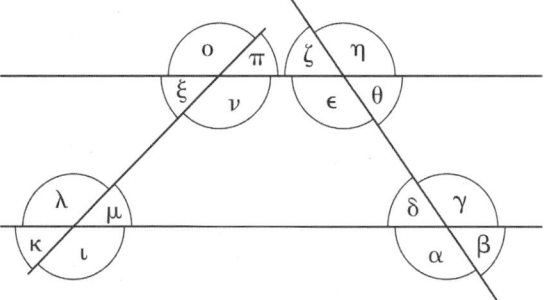

22. Zeichne die Strecke $\overline{AB}$ = 7,2 cm und dann in A den Winkel α = L 48°, darauf in B den Winkel β = R 62°. Den Schnittpunkt der beiden Strahlen nenne C.
Bestimme die nicht gegebenen Strecken und Winkel des entstandenen Dreiecks.

23. Zeichne die vorgegebenen Punkte in ein Koordinatensystem und verbinde sie dann zum Viereck ABCD.

A (2 | 1)   B (5 | 3)   C (6 | 6)   D (3 | 8)

Bestimme die Strecken- und Winkelgrößen und notiere sie.

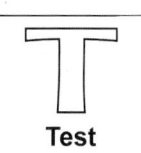

Geometrie

* 1. a) Zeichne einen Kreis mit dem Radius r = 4,6 cm in dein Heft.
   b) Zeichne mit dem Mittelpunkt des ersten Kreises einen weiteren Kreis mit dem Durchmesser d = 6,5 cm.

   K4

* 2. Zeichne folgende Winkel in dein Heft:
   a) $\alpha = 80°$
   b) $\beta = 165°$
   c) $\gamma = 17°$.

   K4

* 3. Zeichne ein Koordinatensystem (10 Einheiten waagerecht / 10 Einheiten senkrecht) in dein Heft.
   a) Trage folgende Punkte in das Koordinatensystem ein:
      A (5 | 1); B (9 | 4); C (3 | 8).
   b) Verbinde die Punkte zu einem Dreieck ABC, miss die Winkel α, β und γ und notiere sie in deinem Heft.

   K4

* 4. Zeichne ein Koordinatensystem wie in Aufgabe 3 in dein Heft.
   a) Trage folgende Punkte in dieses Koordinatensystem ein:
      L (1 | 1); M (8 | 5); N (4 | 7); O (0 | 5).
   b) Verbinde die Punkte zu dem Viereck LMNO und miss die Winkel ∢MLO = α, ∢NML = β, ∢ONM = γ und ∢LON = δ und notiere sie richtig in deinem Heft.
   c) Miss die Streckenlängen von $\overline{LM}$, $\overline{MN}$, $\overline{NO}$ und $\overline{LO}$ und notiere sie in deinem Heft.

   K4

* 5. Berechne schriftlich in deinem Heft:
   a) 34,067 + 5,8075 + 19,96 + 0,8308
   b) 100 − 24,1 − 28,05 − 32,125
   c) 53,5 · 0,508
   d) 0,945 : 0,27
   e) $2\frac{1}{2} - 1\frac{3}{4} + 3\frac{1}{4}$

   K3
   K5

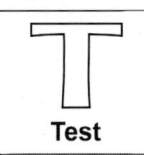

Geometrie

* 1. Zeichne je einen Winkel mit den genannten Winkelmaßen in dein Heft.
   a) 90°
   b) 36°
   c) 145°
   d) 290°

   K4

* 2. Notiere in deinem Heft die Winkelbezeichnungen der Winkel aus Nr. 1 a) bis d).

   K3

* 3. Erstelle in deinem Heft ein Koordinatensystem (9 Einheiten waagerecht / 9 Einheiten senkrecht).
   a) Trage die Punkte A (3 | 1), B (8 | 2), C (6 | 6) und D (1 | 7) in das Koordinatensystem ein und zeichne das Viereck ABCD.
   b) Miss die Strecken **und** die Winkel dieses Vierecks und notiere sie in deinem Heft.

   K4

* 4. Zeichne **zwei** Kreise in dein Heft, die denselben Mittelpunkt haben
   a) mit dem Radius r = 3,6 cm
   b) mit dem Durchmesser d = 5 cm.

   K4

* 5. Berechne.
   a) 645 · 382
   b) 96 866 : 37
   c) 4 560 – 386 · 12
   d) $3\frac{1}{4} - 2\frac{1}{2} + \frac{3}{4}$

   K3
   K5

** 6. Übertrage die nebenstehende Figur **maßstabsgerecht** in dein Heft. Als Quadratseitenlänge verwende **12 Kästchenlängen**.

   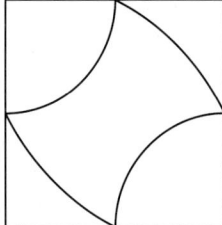

   K4

** 7. Ein Baukran benötigt für eine Umdrehung 48 Sekunden.
   a) Berechne die Drehzeit für   1.) 120°   2.) 45°.
   b) Wie viel Grad (°) ist der Kran nach 36 Sekunden gedreht?

   K3
   K5

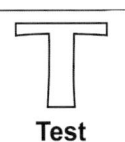

Geometrie

* 1. Zeichne in dein Heft:
    a) einen spitzen ...
    b) einen rechten ...
    c) einen stumpfen ...
    d) einen überstumpfen **Winkel**.

  K4

* 2. Miss die Winkelgröße der eben von dir gezeichneten Winkel und trage sie in die entsprechende Zeichnung ein.

  K4

* 3. Zeichne einen Winkel, der
    a) 87°
    b) 280°
    groß ist, in dein Heft.

  K4

⁑ 4. a) Zeichne in ein Koordinatensystem (11 Einheiten waagerecht | 11 Einheiten senkrecht) folgende Punkte ein:
    A (1 | 0), B (7 | 1), C(10 | 6), D (9 | 10) und E (2 | 8).
   b) Verbinde die Punkte zu einem Fünfeck und belege durch Messung **und** Rechnung, dass die Winkelsumme im Fünfeck 540° beträgt.

  K3
  K4
  K5

⁑ 5. Der große Zeiger einer Uhr benötigt für eine Umdrehung eine Stunde.
    a) Wie lange benötigt er für einen Winkel von 72°?
    b) Welcher Winkel ist nach 40 Minuten überstrichen?

  K3
  K5

⁂ 6. a) Bestimme aus der Skizze, **ohne zu messen**, die Größe der benannten Winkel. Schreibe die Ergebnisse mit den entsprechenden Bezeichnungen in dein Heft.

  K3
  K5

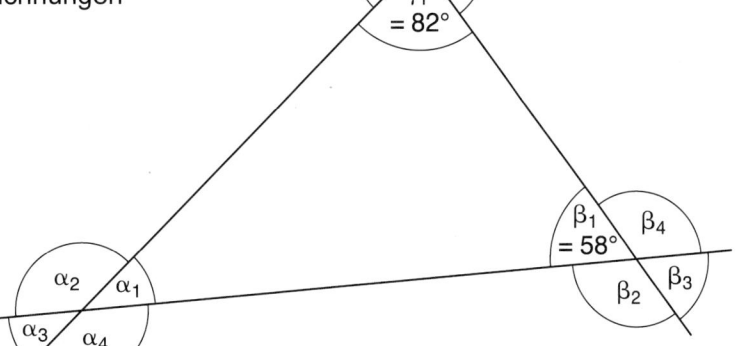

   b) Nenne zwei Haupt-/Nebenwinkel und zwei Paar Scheitelwinkel mit Bezeichnungen aus der Skizze.

Geometrie

1. Ein Karussell braucht für eine ganze Umdrehung 24 Sekunden.
Berechne und notiere die Drehzeit für

a) 90°   b) 60°   c) 330°.

2. Zeichne in ein Koordinatensystem (10 Einheiten waagerecht / 10 Einheiten senkrecht) folgende Punkte:

a) A (2 | 2); B (5 | 3); C (6 | 6); D (3 | 8)
b) L (7 | 4); M (10 | 9); N (4 | 9).

Verbinde ABCD zu einem Viereck bzw. LMN zu einem Dreieck.
Miss alle Strecken **und** Winkel in diesem Viereck bzw. Dreieck.
Notiere die Messungen.

3. Teile die folgenden Winkel mit den Winkelmaßen
114° / 89° / 7° / 273° / 141° / 90° / 120° / 100° / 180° / 200° / 45,5°
in deinem Heft in spitze, rechte, stumpfe, gestreckte und überstumpfe Winkel ein.

4. Konstruiere in deinem Heft ein Dreieck aus:
$\overline{AB}$ = 6,8 cm, α = 65°, γ = 70°.
Miss die Längen von AC und BC. Notiere die Messungen in deinem Heft.

5. Konstruiere in deinem Heft ein Viereck aus:
$\overline{AB}$ = 9,7 cm; $\overline{AD}$ = 6,3 cm; $\overline{BC}$ = 4,9 cm; $\overline{CD}$ = 5,6 cm; β = 73°.
Miss alle Winkel und notiere in passender Bezeichnungsweise in deinem Heft.

6. Übertrage die vorgegebenen Figuren **maßstabsgerecht** in dein Heft.

a)

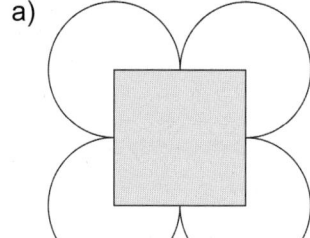

b)

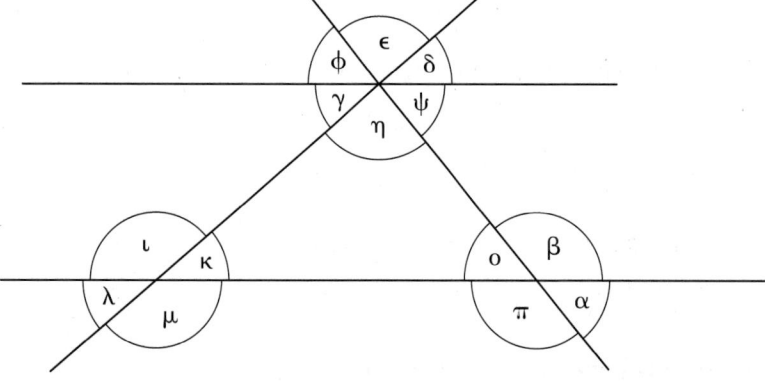

7. Bestimme aus der Skizze **alle Winkel, ohne zu messen**. Notiere die Ergebnisse in deinem Heft.
α = 50°
μ = 140°

Gesamtwiederholung

* 1. Übertrage in dein Heft und schreibe dann als gemeinen Bruch bzw. als Dezimalbruch. K3
   a) 0,75   b) $\frac{4}{5}$ c) 1,4   ✱ d) $\frac{17}{8}$ e) 2,539 K5

* 2. Erstelle zunächst ein Koordinatensystem.
   a) Trage in das Koordinatensystem folgende Punkte ein:
      A (2 | 1); B (5 | 3); C (6 | 6); D (3 | 8).
   b) Verbinde die Punkte zu einem Viereck ABCD. K4
   c) Miss die vier Winkel dieses Vierecks und notiere sie im Heft.
   d) Miss die Strecken $\overline{AB}$, $\overline{BC}$, $\overline{CD}$, $\overline{AD}$.

* 3. Tanja hat als Friseurin im Laufe einer Woche folgende Trinkgelder bekommen: K2
   6,70 Euro / 8,05 Euro / 4,85 Euro / 7,20 Euro / 8,65 Euro. K3
   Wie viel Trinkgeld erhielt Tanja durchschnittlich in dieser Fünf-Tage-Woche?

* 4. Ein Eisenbahnwagen in Leichtbauweise wiegt 36 t, ein Schnellzugwagen alter Bau- K3
   weise ist $1\frac{2}{3}$-mal so schwer. K5
   Wie schwer ist dieser Schnellzugwagen?

* 5. Ein LKW der Firma Westerheide hat eine Ladefähigkeit von $6\frac{1}{2}$ t. K3
   Wie viele Kisten dürfen höchstens auf diesen LKW geladen werden, wenn jede Kiste K5
   genau $\frac{3}{10}$ t wiegt?

* 6. Die Klasse 6f hat ein Klassenfest gefeiert. Dabei sind 86,25 Euro als Kosten entstan- K2
   den. Wie viel muss jeder der 23 Schüler bezahlen? K3
   K5

* 7. Der Lottogewinn einer Spielgemeinschaft beträgt im Monat September 255,75 Euro. K2
   Bernd ist an dieser Spielgemeinschaft beteiligt und erhält den sechsten Teil des Ge- K3
   winns. Berechne Bernds Gewinn und runde dabei sinnvoll. K5

* 8. Bei der Firma Dettmer werden für das Verpacken eines Kartons $2\frac{1}{5}$ m Klebeband be- K3
   nötigt. Auf der Klebebandrolle sind 33 m. K5
   Wie viele Kartons gleicher Größe können mithilfe dieser Klebebandrolle verpackt werden?

✱ 9. Berechne. K3
   a) 1,8 : 0,15 K5
   b) 345,6 · 71,9
   c) 36 784,89 + 130,9 + 34,23 − 45,48
   d) $\left(\frac{1}{3} + \frac{1}{4}\right) \cdot \left(\frac{1}{2} - \frac{1}{5}\right)$
   e) 2,16 : 0,72
   f) 2 345,73 − 123,009 + 23,71 − 827,06
   g) 12,78 · 53,1
   h) 4,263 : 0,029
   i) $4\frac{1}{3} : \left(\frac{7}{12} + \frac{5}{6} + \frac{3}{4}\right)$
   j) 100,5 · 2,67
   k) 5 281,005 − 34,1 − 5 − 932,008

Gesamtwiederholung

10. Ein Baukran benötigt für eine ganze Umdrehung 36 Sekunden. Berechne die Drehzeit für
   a) 90°   b) 60°   c) 20°   d) $\frac{3}{4}$ Drehung.

11. Stelle jeweils den Term auf und berechne ihn dann.
   a) Multipliziere die Differenz der Zahlen $2\frac{5}{12}$ und $\frac{11}{18}$ mit der Zahl $2\frac{1}{13}$.
   b) Multipliziere die Zahl 16 mit der Differenz der Zahlen $\frac{7}{12}$ und $\frac{3}{8}$.
   c) Multipliziere die Summe der Zahlen $\frac{7}{18}$ und $\frac{5}{12}$ mit der Zahl $2\frac{14}{29}$.

12. Eine Schülergruppe machte eine viertägige Wanderung. Sie legte am ersten Tag $\frac{1}{4}$ der Gesamtstrecke, am zweiten Tag $\frac{2}{5}$ des Weges und am dritten Tag $\frac{11}{60}$ der Gesamtroute zurück. Welcher Bruchteil der Gesamtstrecke entfiel auf den vierten Tag?

13. Herr Vahrmann füllt als Getränkehändler aus einem 100-Liter-Tank insgesamt 125 Flaschen ab. Jede Flasche fasst $\frac{3}{4}$ Liter.
   a) Berechne die Restmenge, die noch im Tank bleibt.
   b) Wie viele 0,5-Liter-Flaschen könnte Herr Vahrmann mit dem Rest noch füllen?

14. Übertrage und schreibe dann als gemeinen Bruch. Kürze, wenn es möglich ist.
   Beispiel: $0{,}64 = \frac{64}{100} = \frac{16}{25}$
   a) 0,24
   b) 0,005
   c) 0,038
   d) 0,12
   e) 4,25
   f) 5,4
   g) 3,06
   h) 1,006
   i) 15,08
   j) 28,375

15. Berechne.
   a) $3\frac{1}{4} + 2\frac{5}{6} - 1\frac{2}{3}$
   b) $6\frac{3}{5} + \frac{5}{6} + 3\frac{2}{15}$
   c) $7\frac{3}{10} + 2\frac{1}{2} - 4\frac{7}{15}$
   d) $2\frac{1}{2} - 1\frac{3}{8} - 1\frac{7}{10} + 2\frac{2}{5}$

16. Übertrage und runde dann
   a) auf Hundertstel: 3,808 / 0,0999 / 13,1$\overline{255}$ / 0,$\overline{8}$
   b) auf Zehntel: 23,790 / 8,999 / 2,2$\overline{4}$ / 0,888.

17. Berechne.
   a) 0,685 · 100 − 53,4 : 3
   b) (44,2 : 17) : (8,6 + 7,40)
   c) (70,2 : 27) : (1,6 · 6,25)
   d) 37,5 : 15 + 0,347 · 10
   e) (399 : 38) : (14,83 + 10,17)
   f) (108,75 : 25) · (27 : 15)

18. Berechne und runde die Ergebnisse danach, wenn möglich, auf Hundertstel.
   a) 304,8 · 4,075
   b) 335,16 : 6,3
   c) 1216,8 : 0,24
   d) 751,1 : 3700
   e) 9356,1 · 0,34
   f) 3,94604 · 2000

Gesamtwiederholung

19. Ein Baugrundstück ist 35,70 m lang und 28,90 m breit. Herr Emke muss bei diesem Grundstück pro Quadratmeter 86,– Euro bezahlen.
Berechne den Kaufpreis für dieses Grundstück.

20. Berechne.
a) $\left(2\frac{1}{3} + 5\frac{3}{4}\right) : \frac{5}{12}$
b) $\left(3\frac{1}{4} - 2\frac{1}{8}\right) : \frac{3}{5}$
c) $\left(7\frac{5}{6} + 1\frac{1}{4}\right) : 1\frac{1}{2}$
d) $5\frac{1}{4} : 1\frac{1}{8} - 2\frac{3}{4}$

21. Marc erhält zu seinem Geburtstag ein Fahrrad, das 336,– Euro kostet. Seine Oma gibt ihm $\frac{3}{8}$, seine Tante Ruth $\frac{1}{4}$ des Betrages.
Wie viel Geld müssen Marcs Eltern noch bezahlen?

22. Berechne.
a) $(2,4 + 3,07) \cdot (2,5 - 0,18) - 2,6904$
b) $(0,07 + 1,2 + 3,13) \cdot (0,5 + 2,03 - 1,78) + 0,64$

23. Berechne.
a) $\frac{3}{4} \cdot \left(1\frac{1}{3} + \frac{5}{12}\right)$
b) $\frac{4}{5} \cdot (3,25 + 2)$
c) $\frac{2}{3} \cdot \left(5 - 1\frac{6}{7}\right)$
d) $\left(3,75 + 5\frac{1}{4}\right) : 2\frac{2}{3}$
e) $\left(4,6 + 3\frac{4}{5}\right) : 4\frac{2}{3}$
f) $\left(6\frac{3}{4} - 2\frac{2}{3}\right) \cdot 1,5$
g) $\frac{7}{16} \cdot 2\frac{2}{7} \cdot \frac{4}{9}$
h) $2\frac{3}{16} + 1\frac{1}{10} + 3\frac{9}{20}$
i) $2\frac{1}{2} : \frac{3}{5} + \frac{1}{4} : \frac{3}{5}$
j) $9\frac{1}{6} - 1\frac{4}{9} - 5\frac{1}{2}$
k) $\frac{3}{5} \cdot 2\frac{1}{3} + \left(\frac{5}{8} : \frac{5}{7} - \frac{3}{4} \cdot \frac{2}{9}\right) - 1\frac{1}{4}$

24. Herr Krapp lässt sich vom Modestudio Hayder einen Maßanzug anfertigen. Es werden 3,40 m² Anzugstoff benötigt. Der ausgewählte Anzugstoff kostet pro Quadratmeter 78,90 Euro. Für Material, Futterstoff, Knöpfe u. Ä. berechnet das Modestudio 67,85 Euro. Die Anfertigung selbst kostet 135,50 Euro.
Wie viel muss Herr Krapp für seinen exklusiven Maßanzug bezahlen?

25. Berechne.
a) $724,5 : 0,05 - (97,78 - 83,8985)$
b) $83,2 - 81,26 \cdot 0,09 + 0,9876$

26. Ein Radfahrer trainiert auf einer Rennbahn. Er benötigt für 18 Runden 12 Minuten.
Wie viele Sekunden braucht dieser Hobbyfahrer im Durchschnitt für eine Runde?

27. Ermittle für x die richtige Lösungsmenge.
a) $x - 24,2 = 128,175$
b) $1,27 \cdot x = 102,235$
c) $22,866 : x = 7\frac{2}{5}$
d) $0,3 \cdot 0,4 - x = 0,03 : 4$

Gesamtwiederholung

28. Leni hat eine Stickersammlung. Als Geburtstagsgeschenk gibt sie ihrem Bruder Carl $\frac{1}{4}$ ihrer Sticker. Danach hat Leni noch 240 Sticker.
Wie viele Sticker hatte Leni vorher?

29. Auf dem Bahnhofsvorplatz fahren um 6.50 Uhr die Buslinien A und F ab. Auf der Buslinie A fahren die Busse im 8-Minuten-Takt, die Buslinie F wird im 9-Minuten-Takt bedient.
Bestimme die Uhrzeit, wenn wieder beide Buslinien gleichzeitig vom Bahnhofsvorplatz abfahren.

30. Die Klasse 6g hat 24 Schüler. Bei der Wahl des Klassensprechers erhielt Jonas $\frac{1}{3}$ der Stimmen, Bettina bekam $\frac{3}{8}$ der Stimmen und die restlichen Stimmen waren für Christoph.
a) Berechne, wie viele Stimmen jede Bewerberin bzw. jeder Bewerber erhielt.
b) Berechne den Bruchteil aller Stimmen, den Christoph erhielt.

31. Berechne.
a) $(4{,}37 - 0{,}738) - (2{,}04 - 1{,}5) - (0{,}508 + 0{,}7)$
b) $3 \cdot (6{,}54 + 5{,}073) - 17{,}549 - 2 \cdot 6{,}45$
c) $(5{,}75 + 6{,}416 - 8{,}775) : 0{,}4$
d) $(4{,}38 - 2{,}13 \cdot 0{,}21) \cdot 1{,}3$

32. Ordne der Größe nach. Beginne mit der kleinsten Zahl.
a) $0{,}3052 \;/\; 0{,}\overline{3052} \;/\; 0{,}30\overline{52} \;/\; 0{,}3\overline{052} \;/\; 0{,}3205$
b) $0{,}375 \;/\; \frac{4}{11} \;/\; 0{,}3\overline{75} \;/\; \frac{4}{9} \;/\; 0{,}38$
c) $1{,}783 \;/\; 1{,}7\overline{890} \;/\; \frac{17}{10} \;/\; 1{,}78\overline{29}$

33. Stelle den Term auf und berechne ihn dann.
Subtrahiere von der Summe der Zahlen $3\frac{1}{24}$ und $9\frac{7}{36}$ das Produkt der Zahlen $\frac{15}{56}$ und 42.

34. Leni und Marc fahren mit dem Fahrrad zur Schule. Leni benötigt für $3\frac{1}{2}$ km eine Viertelstunde.
Marc braucht für $2\frac{1}{2}$ km genau 10 Minuten. Berechne den Unterschied in der Geschwindigkeit.

35. Berechne.
a) $7\,385 : 70 - 0{,}175 \cdot (800{,}6 - 560{,}2 - 140{,}4)$
b) $(31{,}6 : 8 - 27{,}2 : 17) \cdot (2{,}8 + 31{,}5 : 7)$
c) $(20{,}7 : 9 + 13{,}6 : 8) + 0{,}001 \cdot 2\,000$

36. Berechne den Umfang **und** den Flächeninhalt der Rechtecke mit folgenden Maßen:

	a)	b)	c)
Länge	12,6 cm	1,06 dm	122 mm
Breite	41,1 cm	62 cm	70,3 cm

Gesamtwiederholung

37. $4\frac{1}{5} : \left(3\frac{2}{9} - 1\frac{5}{8} + \frac{1}{36}\right)$

38. a) Konstruiere ein Dreieck aus:
$\overline{AB} = 6{,}4$ cm; $\overline{AC} = 7{,}1$ cm; $\alpha = 105°$.
b) Miss den Winkel γ.
c) Wie lang ist $\overline{BC}$?

39. Eine Messingschraube wiegt $9\frac{1}{4}$ g, die dazu passende Mutter $3\frac{3}{8}$ g.
Wie viele solcher Paare aus Schraube und Mutter befinden sich in einer Kilopackung?

40. a) Konstruiere ein Viereck aus:
$\overline{AB} = 9{,}7$ cm; $\overline{CD} = 6{,}3$ cm; $\overline{BC} = 4{,}9$ cm; $\beta = 80°$; $\gamma = 105°$.
b) Miss die Winkel α und δ.

41. Addiere zum Produkt der Zahlen 0,4 und 0,3 das Produkt der Zahlen $1\frac{1}{5}$ und 0,2.
Subtrahiere diese Summe von der Zahl 1,36.

42. Eine Wohnstube hat nebenstehende Maße. Sie soll mit einem neuen Teppichboden ausgelegt werden. Der Teppichboden kostet pro **Quadratmeter** 17,90 Euro.
  a) Wie teuer ist der neue Teppichboden, wenn für das Verlegen zusätzlich 65,– Euro und für die Teppichumrandung pro **Meter** 1,20 Euro bezahlt werden müssen?
  b) Was wäre beim Auslegen bzw. Berechnen des Preises noch zu beachten? Tausche dich mit einem Partner aus.

43. Das quaderförmige Schwimmbecken der Stadt Damme ist 25 m breit, 50 m lang und 2,60 m tief.
  a) Wie viel Kubikmeter Wasser wird benötigt, um dieses Becken randvoll zu füllen?
  b) Berechne die Fliesenfläche dieses Beckens.

44. Herr Landwehr hat auf seinem Konto am Monatsbeginn ein Guthaben von 284,17 Euro. Herr Landwehr zahlt im Laufe des Monats 19,50 Euro / 318,50 Euro / 1 884,19 Euro / 68,85 Euro / 217,60 Euro ein. Er hebt zwischenzeitlich folgende Beträge ab: 1 250,– Euro / 69,70 Euro / 19,65 Euro / 240,– Euro.
Berechne den Kontostand von Herrn Landwehrs Konto am Ende dieses Monats.

 **Gesamtwiedeholung**

45. Eine Terrasse soll neu gepflastert werden. Ein Quadratmeter Pflaster kostet fertig verlegt 37,60 Euro.
Wie teuer wird die neue Pflasterung, wenn die Terrasse die Maße der nebenstehenden Skizze hat?

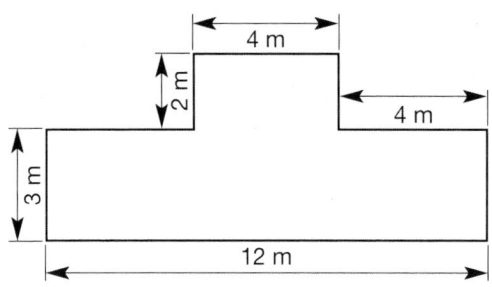

K3
K5

46. Nina bekommt für einen Orientierungslauf folgende Anweisung:
- Gehe 5 km nach Norden.
- Drehe dich nach links um 70° und gehe dann 4 km geradeaus.
- Drehe dich nach links um 80° und gehe dann 3 km geradeaus.

a) Fertige eine Zeichnung mit dem Maßstab 1 km ≙ 1 cm an.
b) Welche Anweisung muss Nina am Ziel erhalten, um genau zum Startpunkt zurückzukommen?
c) Stelle anhand deiner Zeichnung eine entsprechende Aufgabe auf, die dein Partner lösen sollte. Bestimme den Weg zu den Anweisungen deines Partners. Vergleicht eure Wege.

K4

K6

47. Rainer, Dirk und Frank treffen sich am ersten Ferientag der Sommerferien im Freibad. Rainer geht dann jeden dritten Tag zum Freibad, Dirk regelmäßig jeden sechsten Tag und Frank jeden fünften Tag.
An welchem Ferientag treffen sich die drei Jungen wieder im Freibad?

K5

48. Marc beteiligt sich am Volkslauf in Vechta. Er will die 20-km-Strecke laufen. Marc schafft in einer Stunde durchschnittlich $10\frac{4}{5}$ km.
Wie viel Kilometer ist Marc nach $1\frac{2}{3}$ Stunden Laufzeit noch vom Ziel entfernt?

K2
K3
K5

49. Von einer Erbschaft in Höhe von 24 000,– Euro erhält Maria $\frac{2}{15}$, Karin $\frac{3}{16}$, Ursula $\frac{5}{12}$ und Eva den Rest.
Welchen Betrag bekommt jede der Bedachten?

K2
K3
K5

50. Stelle jeweils den Term auf und berechne ihn dann.
a) Multipliziere die Summe der Zahlen $2\frac{1}{24}$ und $1\frac{31}{32}$ mit der Differenz der Zahlen $2\frac{1}{5}$ und $1\frac{2}{7}$.
b) Subtrahiere die fünffache Differenz der Zahlen $4\frac{5}{24}$ und $3\frac{13}{18}$ von der dreifachen Summe der Zahlen $4\frac{1}{18}$ und $2\frac{1}{4}$.
c) Addiere zur Summe der Zahlen 3,25 und $2\frac{1}{7}$ die Differenz der Zahlen $5\frac{5}{8}$ und $3\frac{3}{14}$.
d) Subtrahiere von der Summe der Zahlen 1,6 und $2\frac{10}{21}$ die Summe der Zahlen $1\frac{13}{15}$ und $1\frac{33}{35}$.
e) Multipliziere 0,34 mit der Summe aus $3\frac{2}{5}$ und 2,75 und subtrahiere dieses Produkt von 4,09.

K3
K5

Gesamtwiederholung

51. Ein Lastwagen hat eine Tragfähigkeit von 4 t. Es sind bereits 14 Stahlträger aufgeladen worden, von denen jeder 0,23 t wiegt.
Wie viele Eisenrohre von je 0,058 t dürfen höchstens noch aufgeladen werden? Stelle den Gesamtterm auf und berechne dann seinen Wert.

K3
K5

52. Landwirt Emke besitzt 75 Kühe. Jede Kuh gibt im Jahr durchschnittlich 4 600 kg Milch. Pro Kilogramm erhält Landwirt Emke von der Molkereigenossenschaft 37 Cent.
Berechne die Milcheinnahme von Herrn Emke pro Durchschnittsmonat.

K2
K3
K5

53. Bei Kabelarbeiten muss eine Straße auf einer Länge von 1,75 km aufgegraben werden. Für $\frac{9}{10}$ der Strecke kann ein Kleinbagger eingesetzt werden. Der Rest muss von Hand ausgehoben werden.
Wie viel Meter sind von Hand auszuheben?

K3
K5

54. Herr Deeken kauft eine Garnitur Gläser, bestehend aus 6 Weißwein-, 6 Rotwein- und 6 Sektgläsern. Er bezahlt dafür insgesamt 313,20 Euro. Ein Weißweinglas kostet 17,40 Euro, das Rotweinglas kostet 1,80 Euro pro Stück weniger als das Weißweinglas.
Berechne den Preis für ein Sektglas.

K2
K3
K5

55. Herr Kreutzmann benötigt auf der Autobahn für eine Strecke von 450 km 3 Stunden 45 Minuten.
Welche Strecke legt Herr Kreutzmann bei gleich bleibender Durchschnittsgeschwindigkeit in $4\frac{1}{2}$ Stunden zurück?

K2
K3
K5

56. Subtrahiere vom Produkt der Zahlen $4\frac{4}{5}$ und 12,6 den Quotienten der Zahlen 235,19 und 29 und addiere zur Differenz die Zahl 9,24.
Stelle den Gesamtterm auf und berechne dann seinen Wert.

K3
K5

57. Arbeite im Koordinatensystem.
a) Trage folgende Punkte in ein Koordinatensystem ein:
A (1,5 | 1); B (8 | 2); C (11 | 5); D (5 | 9); E (0 | 6,5)
und verbinde sie zu einem Fünfeck.
b) Miss die Länge der Begrenzungsstrecken des Fünfecks und notiere sie richtig.
c) Miss die Winkel des Fünfecks und notiere sie richtig.
d) Miss die Länge der Diagonalen dieses Fünfecks und notiere sie richtig.
e) Nenne die Dreiecke, die aus zwei Diagonalen und einer Begrenzungslinie zu bilden sind **und** nur spitze Innenwinkel haben.

K3
K5

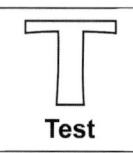

Gesamtwiederholung

* 1. Der Eisverkäufer Enzo hatte im Laufe einer Woche folgende Einnahmen:
Montag: 278,30 Euro / Dienstag: 328,– Euro / Mittwoch: 297,20 Euro / Donnerstag: 427,50 Euro / Freitag: 573,40 Euro / Samstag: 640,– Euro / Sonntag: 1 052,20 Euro.
Berechne für den Eisverkäufer Enzo die durchschnittliche Tageseinnahme dieser Woche.

** 2. Von den 360 Schülern einer Schule sind $\frac{2}{3}$ Fahrschüler. $\frac{1}{4}$ der Fahrschüler kommen mit dem Fahrrad zur Schule.
Wie viele Schüler kommen mit dem Fahrrad zur Schule?

** 3. Subtrahiere die Differenz der Zahlen 4,72 und 2,89 von dem Quotienten der Zahlen $2\frac{1}{4}$ und $\frac{3}{5}$.
Notiere zuerst den Gesamtterm und berechne ihn dann.

** 4. Auf dem Rosenplatz in der Stadtmitte fahren um 6.55 Uhr die Buslinien D und K gleichzeitig ab. Die Buslinie D setzt Busse im 8-Minuten-Takt ein, die Buslinie K verkehrt im 10-Minuten-Rhythmus.
Wann fahren die Buslinien D und K nach 6.55 Uhr wieder gleichzeitig vom Rosenplatz ab?

** 5. Übertrage die Aufgabenstellung und berechne.
a) $5,09 \cdot 0,74$
b) $3\frac{3}{5} + 1\frac{5}{6} - 4\frac{2}{15}$

*** 6. Übertrage die Aufgabenstellung und berechne.
a) $5,25 : (3\frac{1}{8} - 2\frac{3}{4})$
b) $4\frac{1}{5} \cdot 1\frac{3}{7} - 43,02 : 9$
c) $7,3 - 4\frac{1}{4} - 0,4 - 1\frac{1}{8} - \frac{9}{10} + 1\frac{2}{5}$

*** 7. Übertrage und ordne dann der Größe nach. Beginne mit der kleinsten Zahl.
$\frac{2}{9}$ / $0,3\overline{5}$ / $\frac{3}{10}$ / $0,35$ / $0,\overline{35}$

*** 8. Ein LKW, der höchstens 7,5 t laden darf, wird zunächst mit drei Maschinen, die $1\frac{3}{4}$ t, $1\frac{2}{5}$ t und $2\frac{1}{2}$ t wiegen, beladen.
Wie viele Stahlrohre zu je 400 kg dürfen dann höchstens noch zugeladen werden?

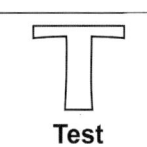

Gesamtwiederholung

* 1. Übertrage und wandle um in einen Dezimalbruch.
    a) $\frac{3}{8}$
    b) $\frac{5}{9}$
    c) $2\frac{3}{4}$

* 2. Der „fliegende Bratwurstverkäufer Pit" hatte in Osnabrück im Laufe einer Woche folgende Einnahmen: Montag: 204,60 Euro / Dienstag: 301,– Euro / Mittwoch: 296,15 Euro / Donnerstag: 314,80 Euro / Freitag: 300,– Euro / Samstag: 680,50 Euro / Sonntag: 461,45 Euro.
    Berechne die durchschnittliche Tageseinnahme von Pit in dieser Woche.

* 3. Übertrage jeweils und berechne dann.
    a) 2,0567 · 1 000
    b) 134,7 · 100
    c) 45,5 : 1 000
    ‡ d) (5,75 + 6,416 − 8,875) : 0,4
    ‡ e) 205,7 · 3,68

‡ 4. Frau Deeken macht mit ihren Kindern eine viertägige Fahrradtour. Am ersten Tag legt die Familie $\frac{4}{15}$ der Gesamtstrecke zurück, am zweiten Tag sind es $\frac{7}{30}$ und am dritten Tag schafft die Familie $\frac{7}{20}$ der Gesamtstrecke.
Welcher Bruchteil der Strecke entfällt bei dieser Tour auf den vierten Tag?

‡ 5. Gib zunächst den Gesamtterm an und berechne ihn dann.
Multipliziere die Summe der Zahlen $1\frac{1}{3}$ und $2\frac{1}{6}$ mit der Differenz der Zahlen $\frac{9}{21}$ und $\frac{6}{42}$.

‡ 6. Herr Sauerberg kauft für sein Bauvorhaben ein Grundstück. Dieses Grundstück ist 35,50 m lang und 28,40 m breit. Der Verkäufer verlangt pro Quadratmeter 84,90 Euro. Wie viel muss Herr Sauerberg bezahlen, wenn er dieses Grundstück kaufen möchte?

‡‡ 7. Übertrage und ordne der Größe nach. Beginne mit der größten Zahl.
$\frac{15}{27}$ / $\frac{4}{9}$ / $\frac{7}{18}$ / $\frac{50}{108}$

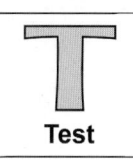

Gesamtwiederholung

* 1. Bearbeite folgende Aufgabenstellung in einem Koordinatensystem.

   a) Trage folgende Punkte: A (2 | 1), B (12 | 2), C (9 | 11) in das Koordinatensystem ein und verbinde sie zu einem Dreieck.

   b) Miss die drei Begrenzungsstrecken **und** die Innenwinkel dieses Dreiecks und notiere die Ergebnisse der Messungen richtig.

* 2. Bestimme den richtigen Wert für x.

   $22{,}866 : x = 7{,}4$

* 3. Übertrage die Zahlen und ordne sie dann der Größe nach. Beginne mit der kleinsten Zahl.

   $0{,}34 \;/\; \frac{1}{3} \;/\; 0{,}\overline{30} \;/\; \frac{3}{10} \;/\; 0{,}3\overline{4}$

* 4. Übertrage und schreibe dann als gewöhnlichen Bruch. Kürze, falls möglich, bis zur Grunddarstellung.

   a) 0,06

   b) 0,015

   c) $0{,}\overline{6}$

   d) 2,45

* 5. Stelle zuerst den Gesamtterm auf und berechne ihn dann.
   Dividiere die Summe der Zahlen 13,2 und 7,92 durch das Produkt der Zahlen 3,2 und $1\frac{1}{4}$.

* 6. Ein rechteckiges Grundstück kostet 38 016,– Euro.

   a) Welchen Flächeninhalt hat dieses Grundstück, wenn pro Quadratmeter 36,– Euro zu zahlen sind?

   b) Wie lang ist dieses Grundstück, wenn es 27,50 m breit ist?

* 7. Berechne x.

   $5{,}49 - x + 2\frac{4}{5} = 3{,}72$

* 8. Berechne den folgenden Term.

   $2{,}4 : 0{,}08 - (2{,}7 : 0{,}3 + 3{,}5 : 0{,}5) \cdot 1{,}7$

* 9. Ein LKW mit einer maximalen Tragfähigkeit von 3 t ist schon mit 18 Stahlrohren, von denen jedes 0,155 t wiegt, beladen worden. Es sollen noch zusätzlich kleine Rohre von je 25 kg geladen werden.
   Wie viele dieser 25-kg-Rohre dürfen höchstens geladen werden?

* 10. Ein Steinmetz will einen quaderförmigen Gedenkstein von 1,20 m Länge, 2,1 dm Breite und 90 cm Höhe transportieren.
   Berechne das Volumen dieses Steins.

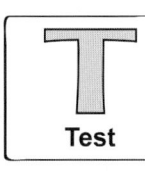

Gesamtwiederholung

(Zweistündig)

1. Berechne den **ggT** und das **kgV** von 24; 30; 42 und 108.

2. Übertrage und schreibe dann als gewöhnlichen Bruch. Kürze, wenn es möglich ist.
   a) 0,24
   b) 1,05
   c) 0,875

3. Erstelle ein Koordinatensystem und bearbeite in diesem folgende Aufgabenstellungen:
   a) Markiere im Koordinatensystem die Punkte A (2 | 1); B (5 | 3); C (6 | 7); D (3 | 9) und verbinde sie zu dem Viereck ABCD.
   b) Miss die Seitenlängen des Vierecks und notiere sie in geeigneter Form.
   c) Miss die Innenwinkel des Vierecks und notiere sie passend.

4. Ordne folgende Zahlen der Größe nach. Beginne jeweils mit der kleinsten Zahl.
   a) $0,40\overline{3}$ / $0,\overline{4}$ / $0,\overline{403}$ / $\frac{2}{5}$
   b) $\frac{3}{5}$ / $\frac{2}{3}$ / $\frac{7}{10}$ / $\frac{8}{15}$

5. Berechne folgenden Term.
   $(4{,}37 - 0{,}738) - \left(2{,}04 - 1\frac{1}{2}\right) - \left(0{,}508 + \frac{7}{10}\right)$

6. Notiere zunächst den folgenden Term und berechne ihn dann.
   Multipliziere die Summe der Zahlen $2\frac{1}{24}$ und $1\frac{31}{32}$ mit der Differenz der Zahlen $2\frac{1}{5}$ und $1\frac{2}{7}$.

7. Von einem Lottogewinn erhält Herr Maronde $\frac{4}{15}$, Frau Beckmann $\frac{3}{8}$ und Herr Völker den Rest. Zusammen hat die Spielgemeinschaft der drei 24 000,– Euro gewonnen. Berechne, wie viel Geld jede der drei Personen erhält.

8. In einem niederrheinischen Braunkohletagebau ist ein Mammutbagger eingesetzt, dessen Rad 12 Schaufeln trägt. Eine Schaufel fasst 2,4 m³. Das Rad macht 2,3 Umdrehungen pro Minute.
   Wie viele Kubikmeter Material werden von diesem Bagger pro Tag bewegt?

9. Berechne.
   a) $\left(3\frac{3}{4} - 2\frac{5}{8}\right) : 2\frac{1}{4}$
   b) $2\frac{1}{2} - 1\frac{3}{8} + 2\frac{2}{5} - 1\frac{3}{10}$
   c) $7385 : 70 - 0{,}175 \cdot (800{,}6 - 739{,}6 + 39{,}600)$

10. Ein Anhänger darf höchstens mit 5 t beladen werden. Es befinden sich schon 17 kleine Stahlträger, von denen jeder 240 kg wiegt, auf der Ladefläche.
    Wie viele Stahlrohre, die je 90 cm lang sind und 0,064 t wiegen, dürfen höchstens noch zugeladen werden?

11. Bestimme für x den richtigen Wert.
    $0{,}2 \cdot 0{,}3 - x = 0{,}02 : 5$

Lösungen der Arbeitsblätter

Teiler und Vielfache

* Nr. 1 a) w   c) f   e) w
         b) w   d) f   f) w

* Nr. 2 a) ∈   c) ∈   e) ∈
         b) ∉   d) ∉   f) ∈

* Nr. 3 a) ggT = 5; kgV = 150
         b) ggT = 7; kgV = 308
         c) ggT = 4; kgV = 144

* Nr. 4 1 200 cm

* Nr. 5 6 cm

* Nr. 6 37, 83, 29, 2

* Nr. 7 a) {1, 2, 3, 4, 6, 8, 12, 24}
         b) {1, 2, 3, 5, 6, 10, 15, 30}
         c) {1, 23}

* Nr. 8 a) {16, 32, 48, 64, 80, 96, 112}
         b) {31, 62, 93, 124, 155, 186, 217}
         c) {26, 52, 78, 104, 130, 156, 182}

* Nr. 9 a) 60   c) 66   e) 80
         b) 14   d) 1   f) 20

* Nr. 10 a) {1, 2, 3, 6, 9, 18, 27, 54}
         b) {14, 28, 42, 56, 70, ...}
         c) {26, 52, 78, 104, 130, ...}
         d) {19, 38, 57, 76, 95, ...}
         e) {1, 2, 3, 4, 6, 8, 9, 12, 16, 18, 24, 36, 48, 72, 144}
         f) {1, 2, 4, 13, 26, 52}
         g) {1, 2, 3, 4, 6, 7, 12, 14, 21, 28, 42, 84}
         h) {1, 2, 3, 5, 6, 10, 15, 25, 30, 50, 75, 150}

* Nr. 11 {29, 31, 37, 41, 43, 47, 53, 59, 61}

* Nr. 12 a) 45 796, 4 780, 29 756
         b) 47 635, 10 280, 739 345
         c) 57 932, 200 028, 716 908
         d) 9 730, 27 500
         e) 497 316, 2 005 002, 72 969

* Nr. 13 grün: 14, 21, 28, 35, 42, 49, 56, 63, 70, 77, 84, 91, 98
         rot: 16, 24, 32, 40, 48, 56, 64, 72, 80, 88, 96
         blau: 18, 27, 36, 45, 54, 63, 72, 81, 90, 99
         gelb: 11, 22, 33, 44, 55, 66, 77, 88, 99
         schwarz: 15, 30, 45, 60, 75, 90

* Nr. 14

4578 X, 57 986, 35 874 X, 975 864 X, 63 385, 152 736 X, 7685, 27 441 X, 354 574, 736 254 X, 8952 X, 17 724 X, 37 761, 26 044, 641 764, 48 798 X, 85 428 X

* Nr. 15 a) f   c) w   e) w
         b) w   d) f   f) w

* Nr. 16 {2, 3, 5, 7, 11, 13, 17, 19, 23, 29, 31, 37, 41, 43, 47, 53, 59, 61, 67, 71, 73}

* Nr. 17 a) 24   c) 48   e) 160
         b) 42   d) 60   f) 90

‡ Nr. 18 a) 24 cm   b) 24 cm   c) 6 Schrauben

‡ Nr. 19 a) wahr, weil 320 : 8 und 48 : 8
         b) wahr, weil 260 : 13 und 39 : 13
         c) falsch, weil 280 : 7 und 30 nicht : 7
         d) wahr, weil 2 400 : 12, 240: 12 und 12 : 12

‡ Nr. 20 a) : 2, gerade Zahl / nicht : 3, Quersumme nicht / nicht : 4, 18 : 4 / nicht : 5, hinten 8 / nicht : 9, Quersumme nicht / nicht : 10, hinten 8 / nicht : 25, hinten 8
         b) : 2, gerade Zahl / : 3, Quersumme / : 4, 100 : 4 / : 5, hinten 0 / : 9, Quersumme / : 10, hinten 0 / : 25, 100 : 25
         c) nicht : 2, ungerade / : 3, Quersumme / nicht : 4, 25 : 4 / : 5, hinten 5 / nicht : 9, Quersumme / nicht : 10, hinten 5 / : 25, hinten 25
         d) nicht : 2, ungerade / : 3, Quersumme / nicht : 4, 7 : 4 / nicht : 5, hinten 7 / : 9, Quersumme / nicht : 10, hinten 7 / nicht : 25, hinten 7

‡ Nr. 21

ggT	6	8	15	24
12	6	4	3	12
16	2	8	1	8
18	6	2	3	6
20	2	4	5	4

‡ Nr. 22 a) {20, 40, 60, 80}   b) {25, 50, 75}
         c) {27, 54, 81}   d) {34, 68}

‡ Nr. 23 a) 14 625 → nicht : 2 / : 3 / nicht : 4 / : 5 / nicht : 6 / : 9 / nicht : 10 / : 25
         b) 9 664 → : 2 / nicht : 3 / : 4 / nicht : 5 / nicht : 6 / nicht : 9 / nicht : 10 / nicht : 25
         c) 95 600 → : 2 / nicht : 3 / : 4 / : 5 / nicht : 6 / nicht : 9 / : 10 / : 25
         d) 876 250 → : 2 / nicht : 3 / nicht : 4 / : 5 / nicht : 6 / nicht : 9 / : 10 / : 25

‡ Nr. 24 a) kgV: 126   ggT: 7
         b) kgV: 144   ggT: 4
         c) kgV: 288   ggT: 2
         d) kgV: 720   ggT: 8

‡ Nr. 25 a) 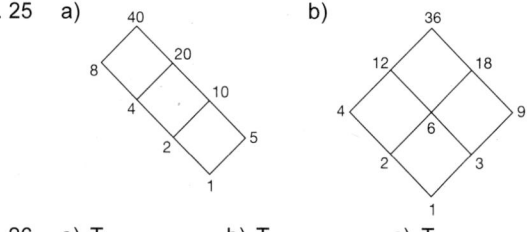   b)

‡ Nr. 26 a) T_{50} b) T_{54} c) T_{441}

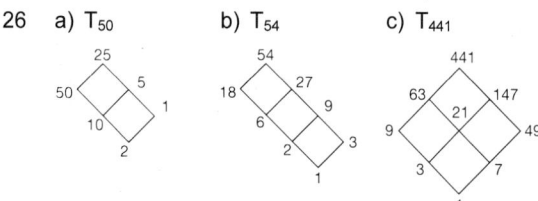

‡‡ Nr. 27 a) $69 \notin V_{17}$
          b) 7 ist Teiler von 25 · 56
          c) $27 \in T_{81}$
          d) 9 ist Teiler von 378 + 12 555
          e) $4 \notin V_{12}$
          f) 8 ist Teiler von 84 · 18
          g) $17 \in T_{85}$
          h) 25 ist nicht Teiler von 955 + 375

‡‡ Nr. 28 1 800 Sekunden

‡‡ Nr. 29 120 g

‡‡ Nr. 30 a) 300 Minuten   b) 11.30 Uhr

‡‡‡ Nr. 31 3 750 325 → nicht : 2, ungerade / nicht : 3, Quersumme 25 / nicht : 4, hinten 25 / : 5, hinten 5 / nicht : 6, siehe : 2 und : 3 / nicht : 9, Quersumme 25 / nicht : 10, hinten 5 / nicht : 12, siehe : 3 und : 4 / : 25, hinten 25 / nicht : 100, hinten 25

‡‡ Nr. 32 a) wahr, 25 | 500   b) falsch, 75 ∤ 49 005
c) wahr, : 10 hinten 0 notwendig, bei : 100 hinten 00 nötig
d) falsch, wenn Quersumme : 9, dann auch : 3

‡‡ Nr. 33 a) kgV = 232 128; ggT = 8
b) kgV = 72 072; ggT = 12

‡‡ Nr. 34 a) 120   c) ggT ≤ a und kgV ≥ c
b) 24, 72

Bruchzahlen

* Nr. 1 a) $\frac{1}{5}$ u. $\frac{4}{5}$ c) $\frac{5}{6}$ u. $\frac{1}{6}$
b) $\frac{3}{4}$ u. $\frac{1}{4}$ d) $\frac{8}{16}$ u. $\frac{8}{16}$

* Nr. 2 a) 8 (von 24) Kästchen
b) 45 (von 50) Kästchen
c) 3 (von 13) Kästchen

* Nr. 3 a) $\frac{5}{18}$ b) $\frac{5}{8}$ c) $\frac{3}{10}$

* Nr. 4 a) $3\frac{6}{10}$ b) $5\frac{6}{20}$ c) $9\frac{4}{5}$

* Nr. 5 a) $\frac{16}{3}$ b) $\frac{39}{5}$ c) $\frac{624}{100}$

* Nr. 6 a) $\frac{35}{60}$ c) $\frac{180}{75}$ e) $\frac{2}{3}$
b) $\frac{3}{5}$ d) $\frac{3}{5}$ f) $\frac{4}{7}$

* Nr. 7 a) $\frac{1}{4}$ c) $\frac{4}{5}$
b) $\frac{11}{14}$ d) $\frac{3}{5}$

* Nr. 8 a) $\frac{6}{8} = \frac{3}{4}$ b) $\frac{2}{5}$ c) $\frac{1}{6}$

* Nr. 9 a) 8 Kästchen
b) 20 Kästchen
c) 7 Kästchen

* Nr. 10 a) $\frac{23}{4}$ b) $\frac{21}{8}$ c) $\frac{97}{12}$ d) $\frac{98}{15}$

* Nr. 11 a) $2\frac{4}{5}$ b) $4\frac{6}{9}$ c) $3\frac{5}{15}$ d) $5\frac{15}{20}$

* Nr. 12 a) $\frac{3}{4}$ b) $\frac{5}{7}$ c) $\frac{1}{3}$ d) $\frac{3}{7}$

* Nr. 13 a) $\frac{40}{60}$ b) $\frac{54}{60}$ c) $\frac{5}{60}$ d) $\frac{33}{60}$

* Nr. 14 a) 36 Euro   d) x = 20 Euro
b) 280 Euro   e) x = 105 Euro
c) 105 Euro   f) x = 128 Euro

* Nr. 15 a) $\frac{18}{30}$ b) $\frac{3}{5}$ c) $\frac{63}{81}$ d) $\frac{3}{5}$

* Nr. 16 a) $\frac{6}{9}$ u. $\frac{1}{9}$ b) $\frac{9}{12}$ u. $\frac{2}{12}$ c) $\frac{15}{40}$ u. $\frac{12}{40}$

* Nr. 17 a) $\frac{3}{4}$ c) $\frac{5}{7}$ e) $\frac{6}{13}$
b) $\frac{3}{4}$ d) $\frac{4}{7}$

* Nr. 18 Es erhielt 210,– Euro; 140,– Euro blieben übrig.

* Nr. 19 a) 50 Briefmarken   ‡ b) 400 Briefmarken

* Nr. 20 a) $4\frac{3}{8}$ b) $7\frac{3}{10}$ c) $3\frac{4}{12}$ d) $17\frac{7}{8}$

* Nr. 21 a) $\frac{29}{8}$ b) $\frac{29}{6}$ c) $\frac{151}{9}$ d) $\frac{164}{3}$

* Nr. 22 750 m²

* Nr. 23 a) 12 Kästchen
b) 24 Kästchen
c) 14 Kästchen

* Nr. 24 a) $1\frac{1}{4}$ c) $6\frac{1}{4}$ e) $6\frac{3}{12}$
b) $5\frac{1}{3}$ d) $1\frac{1}{29}$ f) $8\frac{3}{14}$

* Nr. 25 a) $\frac{9}{2}$ c) $\frac{10}{3}$ e) $\frac{101}{8}$
b) $\frac{27}{5}$ d) $\frac{41}{6}$ f) $\frac{180}{13}$

* Nr. 26 a) $\frac{4}{5}$ f) 0
b) $\frac{8}{3} = 2\frac{2}{3}$ g) $\frac{9}{5} = 1\frac{4}{5}$
c) $\frac{6}{10} = \frac{3}{5}$ h) $\frac{1}{2}$
d) $\frac{10}{6} = 1\frac{4}{6} = 1\frac{2}{3}$ i) $\frac{7}{7} = 1$
e) $\frac{15}{5} = 3$ j) $\frac{25}{4} = 6\frac{1}{4}$

* Nr. 27 3 125,– Euro

‡ Nr. 28 a) $\frac{4}{9} < \frac{6}{9}$ c) $\frac{19}{20} < \frac{59}{60}$ e) $\frac{1}{3} < \frac{3}{7}$
b) $1\frac{2}{5} < \frac{8}{5}$ d) $\frac{7}{12} < \frac{5}{8}$

‡ Nr. 29 a) $\frac{4}{9} < \frac{6}{9}$ b) $\frac{39}{60} > \frac{37}{60}$ c) $\frac{21}{36} > \frac{12}{36}$

‡ Nr. 30 a) 7 m   d) x = 81 m   g) x = $\frac{5}{3}$
b) 40 kg   e) x = 93 g   h) x = $\frac{5}{13}$
c) 490 cm   f) x = $\frac{2}{5}$ i) x = 195 km

‡ Nr. 31 a) $\frac{3}{4}$ b) $\frac{13}{50}$ c) $\frac{11}{25}$ d) $\frac{2}{3}$

‡ Nr. 32 a) 25 dm² // 70 dm²
b) 625 ml // 240 ml
c) 36 min // 58 min

‡ Nr. 33 a) 56 m²   e) x = 64 h
b) x = 28 Liter   f) 23 246 kg
c) x = $\frac{3}{5}$ g) x = $\frac{3}{4}$
d) x = 56 Euro   h) x = 2 178 m²

‡ Nr. 34 a) 75 cm   e) 8 g   i) 40 dm²
b) 15 cm   f) 320 g   j) 35 mm²
c) 375 m   g) 875 ml   k) 18 s
d) 220 m   h) 16 min

‡ Nr. 35 a) 25 Liter   f) $\frac{1}{5}$
b) x = 520 g   g) 128 km

‡ Nr. 36 a) $\frac{7}{15}$ b) $\frac{5}{6}$ c) $\frac{77}{111}$ d) $\frac{1}{3}$

‡ Nr. 37 440 m

‡ Nr. 38 152,– Euro

‡ Nr. 39 a) 6 mm   c) 58 min   e) 3 350 m
b) 90 cm²   d) 69 Monate   f) 4 875 kg

‡ Nr. 40 Peter $\frac{2}{5}$ // Paul $\frac{3}{5}$

‡ Nr. 41 a) $\frac{3}{4}$ c) $\frac{2}{3}$ e) $\frac{7}{12}$ g) $\frac{28}{39}$
b) $\frac{1}{3}$ d) $\frac{2}{3}$ f) $\frac{7}{10}$ h) $\frac{2}{5}$

‡ Nr. 42 a) 75 a   d) 55 cm   g) 6 cm
b) 40 min   e) 875 cm³   h) 600 s
c) 375 m   f) 35 s   i) 760 g

‡ Nr. 43 a) $\frac{3}{4}$ b) $\frac{24}{35}$ c) $\frac{2}{5}$ d) $\frac{7}{9}$

‡ Nr. 44 Die Klasse 5f ist sportfreudiger → $\frac{49}{63}$ gegen $\frac{45}{63}$.

Nr. 45   2 257 Flaschen

Nr. 46   a) $\frac{9}{10}$ u. $\frac{8}{10}$ b) $\frac{40}{60}$, $\frac{48}{60}$, $\frac{30}{60}$, $\frac{45}{60}$

c) $\frac{42}{72}$, $\frac{27}{72}$, $\frac{56}{72}$

Nr. 47   a) $\frac{13}{12} > \frac{7}{8} > \frac{5}{6} > \frac{3}{4}$ b) $\frac{91}{135} > \frac{7}{15} > \frac{4}{9}$

Nr. 48   Martin hat $\frac{48}{100}$, Annette $\frac{40}{100}$ ausgegeben.

Nr. 49   Kindergarten: 830,– Euro // Theatergruppe: 996,– Euro // Sportler gegen Hunger: 664,- Euro

Nr. 50   a) $\frac{8}{15} < \frac{7}{12} < \frac{3}{5} < \frac{2}{3}$

b) $\frac{9}{16} > \frac{11}{20} > \frac{13}{25}$

c) $\frac{1}{2} < \frac{2}{3} < \frac{4}{5} < \frac{5}{6} < \frac{9}{10} < \frac{11}{12}$

Nr. 51   a) wahr

b) falsch: $\frac{6}{10}$ oder $\frac{35}{70}$

c) falsch: $\frac{100}{75}$ oder $\frac{76}{57}$

d) falsch: $\frac{20}{30}$ oder $\frac{8}{12}$

e) falsch: $\frac{8}{5}$

f) falsch: $\frac{168}{200}$

Nr. 52   a) z.B. $\frac{5}{9}$ und $\frac{11}{18}$ b) z.B. $\frac{31}{48}$ und $\frac{47}{72}$

Nr. 53   Iris mit $\frac{44}{60}$ // Fritz mit $\frac{42}{60}$ // Hans mit $\frac{40}{60}$

Nr. 54   a) $\frac{48}{84}$; $\frac{52}{91}$; $\frac{56}{98}$; $\frac{60}{105}$; $\frac{64}{112}$

b) $\frac{36}{63}$; $\frac{72}{126}$

Nr. 55   40 Personen

Nr. 56   (M : 616 // H : 1 155) Der Rest beträgt 1 001,- Euro.

Nr. 57   a) $\frac{51}{96}$; $\frac{68}{128}$ b) $\frac{68}{128}$ c) $\frac{51}{96}$; $\frac{102}{192}$

Nr. 58   7 200,– Euro

Nr. 59   Uta am wenigsten $\frac{16}{60}$, Sabine am meisten $\frac{10}{60}$.

Nr. 60   G > S > F > C

Nr. 61   3 600,– Euro

Multiplikation und Division von Brüchen

Nr. 1   a) $\frac{3}{10}$ e) $2\frac{2}{5}$ i) $\frac{3}{4}$ m) $2\frac{2}{3}$

b) $1\frac{1}{4}$ f) $\frac{8}{45}$ j) $2\frac{2}{5}$ n) 12

c) $\frac{2}{9}$ g) $7\frac{1}{2}$ k) $3\frac{1}{5}$ o) 6

d) $\frac{49}{72}$ h) $5\frac{1}{7}$ l) $\frac{5}{7}$ p) $1\frac{5}{6}$

Nr. 2   870 Pakete

Nr. 3   27,– Euro

Nr. 4   a) $\frac{2}{5}$ b) $\frac{4}{9}$ c) $1\frac{17}{63}$

Nr. 5   a) $5\frac{1}{4}$ b) 24   c) $13\frac{1}{2}$

Nr. 6   36 ha

Nr. 7   96 Kinder

Nr. 8   a) $1\frac{2}{9}$ b) $17\frac{1}{2}$ c) $\frac{10}{21}$ d) $\frac{3}{17}$

Nr. 9   a) $3\frac{1}{5}$ e) $\frac{10}{27}$ i) $3\frac{1}{3}$ m) 34

b) 20   f) $\frac{5}{48}$ j) $1\frac{2}{15}$ n) $\frac{16}{35}$

c) $6\frac{2}{5}$ g) $47\frac{1}{2}$ k) $7\frac{6}{7}$ o) $1\frac{1}{2}$

d) $\frac{4}{7}$ h) $\frac{2}{9}$ l) $\frac{1}{2}$ p) 2

Nr. 10   800 Schritte

Nr. 11 $\frac{3}{4}$ kg

Nr. 12 $94\frac{1}{2}$ Liter

Nr. 13   a) $3\frac{1}{16}$ d) $\frac{1}{20}$ g) 15

b) $1\frac{1}{2}$ e) $\frac{10}{21}$ h) $2\frac{1}{40}$

c) $4\frac{13}{98}$ f) 12   i) $2\frac{37}{49}$

Nr. 14   5 Flaschen

Nr. 15   a) $\frac{3}{7}$ c) $\frac{1}{5}$ e) $1\frac{1}{9}$

b) $\frac{2}{9}$ d) $1\frac{1}{15}$ f) $\frac{4}{11}$

Nr. 16   a) $7\frac{7}{8}$ c) $13\frac{1}{2}$ e) $\frac{1}{14}$

b) $3\frac{1}{2}$ d) 24   f) 18

Nr. 17   a) 1   c) $17\frac{1}{2}$ e) $1\frac{1}{2}$ g) $1\frac{4}{5}$

b) $1\frac{2}{9}$ d) $\frac{10}{21}$ f) 10   h) 6

Nr. 18   23 226,– Euro

Nr. 19   583,33 Euro

Nr. 20   S.: $\frac{3}{11}$ / R.: $\frac{2}{11}$ / W.: $\frac{2}{11}$ / T.: $\frac{4}{11}$

Nr. 21   110 Jugendliche

Nr. 22   a) 160 Sch.   b) 135 Sch.   c) 65 Sch.

Nr. 23   a) $4\frac{1}{5}$ c) $\frac{22}{65}$ e) $1\frac{1}{7}$

b) $16\frac{13}{32}$ d) 6   f) 25

Nr. 24 $3\frac{1}{25}$ kg

Nr. 25 $\frac{1}{4}$

Nr. 26   13 Beutel

Nr. 27   der zwölfte Teil von $13\frac{4}{5}$ ($1\frac{15}{100}$ zu $1\frac{12}{100}$)

Nr. 28   M.: $\frac{32}{105}$ / G.: $\frac{1}{5}$

Nr. 29   a) $x = 1\frac{2}{5}$ c) $x = 8\frac{4}{5}$

b) $x = 2\frac{1}{2}$ d) $x = \frac{48}{125}$

Nr. 30   a) Wald: 60 ha // Acker: 56 ha // Wiesen: 24 ha

b) $\frac{6}{35}$

Nr. 31   667-mal

Nr. 32   a) 14 Teile   b) $\frac{1}{8}$ m = 12,5 cm

Nr. 33   a) 6   b) $\frac{15}{16}$ c) $\frac{2}{5}$

Nr. 34   a) $\frac{7}{36}$ b) $42\frac{2}{3}$ c) $12\frac{1}{2}$ d) $4\frac{25}{32}$

Nr. 35   W.: 104 km/h / G.: 104 km/h / Sch.: 112 km/h / E.: 128 km/h

Nr. 36   23,25 Euro

Nr. 37   a) 5 cm   c) 75 m

b) 10 s   d) 63 Cent

Nr. 38 $8\frac{1}{2}$ Tüten

Nr. 39   a) $\frac{1}{6}$ b) 24 Kinder

Nr. 40   a) $x = 5$ b) $x = 7$ c) $x = 1\frac{5}{9}$ d) $x = 8$

Nr. 41   11,475 km

Nr. 42   a) 48 Teilnehmer   b) 18 Teilnehmer

Nr. 43   a) $6\frac{1}{4}$ b) $\frac{1}{7}$ c) $18\frac{50}{63}$ d) 3

‡ Nr. 44 14-mal
‡ Nr. 45 5-mal 5-kg-Pakete
‡ Nr. 46 a) $5\frac{1}{4}$ b) 20
‡ Nr. 47 174 Murmeln
‡ Nr. 48 $4\frac{5}{6}$ Std., d.h. 4 h 50 min, d.h. 15.20 Uhr
‡ Nr. 49 $\frac{12}{25}$ pro Std., d.h. $11\frac{13}{25}$ Std. ≈ 11 Std. 31 Min.
‡ Nr. 50 184 Spielsteine

Addition und Subtraktion von Brüchen

* Nr. 1   a) $\frac{1}{2}$ b) $\frac{5}{6}$ c) $\frac{4}{5}$
          b) $\frac{2}{5}$ d) $\frac{2}{3}$ f) $\frac{15}{16}$

* Nr. 2   a) $\frac{1}{3}$ c) $\frac{2}{5}$ e) $\frac{1}{4}$
          b) $\frac{4}{7}$ d) $\frac{8}{31}$ f) $\frac{1}{2}$

* Nr. 3   a) $1\frac{1}{2}$ c) $2\frac{1}{9}$ e) $2\frac{5}{14}$
          b) $1\frac{4}{7}$ d) $1\frac{5}{8}$ f) $2\frac{4}{5}$

* Nr. 4   a) $1\frac{1}{9}$ c) $\frac{7}{12}$ e) $\frac{8}{9}$ g) $2\frac{17}{24}$
          b) $1\frac{7}{20}$ d) $1\frac{7}{8}$ f) $\frac{3}{8}$ h) $1\frac{43}{60}$

* Nr. 5 $14\frac{1}{4}$ m
* Nr. 6 $1\frac{7}{12}$ Jahre
* Nr. 7 $38\frac{13}{40}$ kg
* Nr. 8 $2\frac{7}{12}$ Jahre = 31 Monate
* Nr. 9 $\frac{3}{10}$ Liter
* Nr. 10 $13\frac{11}{20}$ t
* Nr. 11 $92\frac{2}{3}$ Jahre

‡ Nr. 12 a) $3\frac{7}{12}$ c) $\frac{3}{5}$ e) $3\frac{23}{28}$
          b) $2\frac{1}{10}$ d) $\frac{1}{3}$ f) $3\frac{17}{24}$

‡ Nr. 13 $19\frac{3}{40}$ t
‡ Nr. 14 $23\frac{53}{60}$ min
‡ Nr. 15 a) $3\frac{3}{10}$ c) $1\frac{5}{12}$ e) $4\frac{3}{5}$
          b) $15\frac{2}{9}$ d) $1\frac{3}{10}$ f) $7\frac{19}{30}$

‡ Nr. 16 a) $\frac{19}{20}$ m   b) 95 cm
‡ Nr. 17 a) $\frac{11}{30}$ b) $\frac{1}{12}$ c) $\frac{5}{18}$
‡ Nr. 18 a) $\frac{9}{20}$ sind Äcker
          b) Wald: 18 ha / Wiesen: 15 ha / Äcker: 27 ha
‡ Nr. 19 a) $1\frac{1}{10}$ e) $1\frac{13}{36}$ i) $1\frac{11}{12}$
          b) $\frac{1}{36}$ f) $\frac{77}{120}$ j) $\frac{7}{120}$
          c) $1\frac{1}{12}$ g) $1\frac{31}{52}$ k) $1\frac{1}{14}$
          d) $\frac{1}{8}$ h) $\frac{4}{15}$ l) $\frac{13}{24}$

‡ Nr. 20 a) $\frac{7}{24}$ b) $1\frac{3}{8}$ c) $\frac{3}{10}$ d) $\frac{1}{3}$
‡ Nr. 21 a) $\frac{17}{24}$ b) 70 000,– Euro
‡ Nr. 22 a) 44 min   d) 500 g
          b) 831 kg   e) 269 s
          c) 205 cm

‡ Nr. 23 a) $\frac{15}{14} < \frac{16}{14}$ c) $\frac{13}{40} = \frac{13}{40}$
          b) $1\frac{3}{4} = \frac{14}{8}$ d) $\frac{5}{8} > \frac{9}{16}$

‡ Nr. 24 a) $10\frac{17}{70}$ c) $10\frac{3}{14}$ e) $1\frac{67}{72}$ g) $1\frac{1}{6}$
          b) $\frac{9}{10}$ d) $6\frac{23}{60}$ f) $9\frac{7}{20}$ h) $7\frac{11}{12}$

‡ Nr. 25 5 325 g
‡ Nr. 26 $\frac{7}{20}$ t
‡ Nr. 27 9 984,– Euro
‡ Nr. 28 47 min 28 s
‡ Nr. 29 $1\frac{11}{12}$ min = 1 min 55 s
‡ Nr. 30 a) $8\frac{1}{15}$ c) $6\frac{11}{24}$ e) $1\frac{13}{15}$
          b) $14\frac{37}{84}$ d) $1\frac{1}{12}$

‡ Nr. 31 10 Minuten
‡ Nr. 32 a) $x = \frac{23}{60}$ b) $x = 6\frac{5}{24}$ c) $x = 1\frac{4}{5}$
‡ Nr. 33 $\frac{1}{10}$ Stunde
‡ Nr. 34 $8\frac{1}{20}$ km
‡ Nr. 35 a) $10\frac{11}{18}$ b) $2\frac{61}{72}$
‡ Nr. 36 a) $10\frac{9}{20}$ m   b) $2\frac{19}{20}$ m   c) $8\frac{7}{10}$ m
‡ Nr. 37 a) $2\frac{19}{20}$ b) $4\frac{4}{15}$ c) $2\frac{2}{3}$
‡ Nr. 38 $16\frac{51}{100}$ m
‡ Nr. 39 a) $\frac{1}{20}$
          b) 1 → 140 000 Euro / 2 → 105 000,– / 3 → 84 000,– / 4 → 70 000,– Euro / „St. Elisabeth" → 21 000,– Euro

‡ Nr. 40 a) $142\frac{37}{72}$ c) $18\frac{29}{60}$ e) $\frac{7}{9}$
          b) $207\frac{9}{20}$ d) $12\frac{17}{24}$

‡ Nr. 41 $3\frac{41}{60}$ h = 221 min
‡ Nr. 42 $63\frac{9}{25}$ ha
‡ Nr. 43 a) $\frac{281}{600}$
          b) M.: 4 000,– Euro / H.: 1 920,– Euro / 9 600,– Euro / 10 000,– Euro; Rest: 22 480,– Euro

‡ Nr. 44 288 cm
‡ Nr. 45 3 780,– Euro

Grundrechenarten in der Bruchrechnung

* Nr. 1 $1\frac{3}{8}$ kg
* Nr. 2   a) 14 m   f) 18 Euro
          b) 280 kg   g) 72 l
          c) $\frac{1}{4}$ m = 25 cm   h) 490 t
          d) $\frac{28}{75}$ m   i) 2 500,– Euro
          e) 96 kg

* Nr. 3   180 Schülerinnen und Schüler
* Nr. 4   9 Liter
* Nr. 5 $5\frac{19}{20}$ Liter
* Nr. 6 $5\frac{19}{20}$ kg

Nr. 7 a) $\frac{23}{24}$ d) $\frac{11}{16}$ g) $1\frac{1}{3}$
       b) $6\frac{1}{12}$ e) $3\frac{1}{3}$ h) $1\frac{13}{21}$
       c) $1\frac{17}{21}$ f) $3\frac{3}{4}$ i) $2\frac{6}{7}$

Nr. 8 $1\frac{1}{20}$ m

Nr. 9 a) $6\frac{34}{45}$ e) $1\frac{29}{34}$ i) $\frac{5}{8}$ m) $4\frac{1}{2}$
       b) $1\frac{29}{36}$ f) $6\frac{6}{7}$ j) 16
       c) $8\frac{13}{20}$ g) $1\frac{1}{4}$ k) $\frac{3}{10}$
       d) $1\frac{11}{15}$ h) $\frac{4}{21}$ l) $6\frac{6}{7}$

Nr. 10 $3\frac{3}{10}$ Liter

Nr. 11 a) $\frac{3}{4}$ c) 1   e) $\frac{1}{12}$
       b) $\frac{1}{3}$ d) $\frac{5}{72}$ f) $1\frac{1}{8}$

Nr. 12 a) 420 kg   c) 585 m   e) 96 s
       b) 3 000,– Euro   d) 9 Stunden   f) 180 ha

Nr. 13 a) $\frac{11}{16}$ d) 1   g) $\frac{7}{12}$
       b) $\frac{3}{4}$ e) $1\frac{3}{4}$ h) $3\frac{5}{8}$
       c) $\frac{1}{3}$ f) $1\frac{3}{4}$ i) $1\frac{17}{24}$

Nr. 14 a) $1\frac{1}{4}$ b) $2\frac{1}{3}$ c) $4\frac{25}{38}$ d) $2\frac{1}{8}$

Nr. 15 $\frac{7}{25}$ Liter

Nr. 16 $\frac{3}{4}$

Nr. 17 a) $x = 1\frac{1}{46}$ b) $x = 7\frac{22}{25}$

Nr. 18 a) $\frac{4}{9}$ d) $\frac{43}{126}$ g) $2\frac{2}{9}$ j) $25\frac{5}{8}$
       b) $2\frac{1}{2}$ e) $10\frac{11}{12}$ h) $4\frac{7}{12}$
       c) $6\frac{59}{80}$ f) $1\frac{1}{2}$ i) $2\frac{13}{120}$

Nr. 19 $6\frac{1}{20}$ t

Nr. 20 125 km/h

Nr. 21 a) $x = 6\frac{1}{4}$ b) $x = 2\frac{53}{140}$

Nr. 22 15 Flaschen

Nr. 23 480,– Euro

Nr. 24 a) $x = \frac{23}{34}$ b) $x = 1\frac{7}{9}$ c) $x = 1\frac{1}{18}$

Nr. 25 a) $3\frac{59}{90}$ b) $21\frac{2}{3}$ c) $28\frac{1}{3}$ d) $4\frac{1}{2}$

Nr. 26 a) $41\frac{19}{40}$ t   b) $6\frac{219}{240}$ t

Nr. 27 a) $2\frac{13}{33}$ b) $11\frac{11}{20}$ c) $1\frac{16}{125}$

Nr. 28 $\frac{5}{11}$

Nr. 29 a) $116\frac{13}{18}$ b) $\frac{1}{27}$

Nr. 30 a) $\frac{7}{32}$ b) $\frac{21}{32}$

Nr. 31 $\frac{5}{8}$ Liter

Nr. 32 a) $8\frac{41}{48}$ b) $\frac{9}{52}$ c) $4\frac{1}{5}$

Nr. 33 $\frac{7}{15}$

Nr. 34 3 Std. 20 Min.

Nr. 35 a) $\frac{9}{20}$ t   b) $\frac{1}{40}$ t   c) $\frac{29}{40}$ t

Nr. 36 14 Fahrten

Nr. 37 a) $\frac{6}{35}$, das sind 138 auswärtige Mädchen
       b) 345 Mädchen

Nr. 38 $\frac{7}{36}$ der Wahlberechtigten

Nr. 39 $\frac{23}{2400}$ Unterschied

Nr. 40 $20\frac{19}{20}$ kg

Nr. 41 a) $\frac{59}{60}$ b) $\frac{2}{5}$ c) 0   d) 15

Nr. 42 $\frac{5}{12}$ aller Aktien

Nr. 43 a) $\frac{5}{6}$ c) $\frac{5}{7}$ e) $3\frac{8}{9}$
       b) 35   d) $3\frac{1}{6}$

Nr. 44 a) $\frac{1}{4} + \frac{3}{4} = 1$ b) $\frac{3}{4} \cdot \frac{1}{2} = \frac{3}{8}$

Dezimalbrüche

Nr. 1 a) $3\frac{1}{2}$ d) $8\frac{19}{50}$ g) $13\frac{7}{1000}$
       b) $4\frac{4}{5}$ e) $\frac{341}{1000}$ h) $100\frac{21}{200}$
       c) $6\frac{27}{100}$ f) $27\frac{1}{100}$ i) $\frac{2}{25}$

Nr. 2 a) 5,1   c) 0,005   e) 6,01
       b) 3,13   d) 0,97   f) 1,021

Nr. 3 a) 0,17   e) 0,25   i) 5,75
       b) 0,5   f) 0,4   j) 7,25
       c) 0,75   g) 1,2   k) 3,7
       d) 1,5   h) 6,6

Nr. 4 a) 0,245 < 0,2456 < 0,256
       b) 4,1899 < 4,199 < 4,1991
       c) 0,199 < $\frac{1}{5}$ (0,2) < $\frac{3}{6}$ (0,5)
       d) 10,04 < 10,041 < 10,111 < 10,4011
       e) 3,080 < 3,0801 < 3,18 < 3,8

Nr. 5 a) 79 888,95   c) 39 042,2159
       b) 121 481,3351

Nr. 6 a) 578 159,6601   c) 31 219,87
       b) 89 992,584

Nr. 7 a) 14 446,08   g) 268,335
       b) 18 561,45   h) 52,8003
       c) 0,006   i) 0,6002
       d) 678,618   j) 1 111,0174
       e) 0,3   k) 3,7188
       f) 4,014006   l) 0,445

Nr. 8 a) 164,2   f) 0,726
       b) 43,804   g) 48,002
       c) 3,43247619   h) 24,92
       d) 2,715   i) 43,109
       e) 49,06

Nr. 9 a) 2 492,449   c) 3 488,1764
       b) 922,53   d) 6 763,507

Nr. 10 a) 0,538 < 0,605   d) 2,7352 > 2,73
       b) 0,2876 > 0,287   e) 5,892 > 5,829
       c) 0,732 > 0,729   f) 0,7485 < 0,75

Nr. 11 a) $\frac{1}{4}$ — 0,2; $\frac{1}{25}$ — 0,8; $\frac{7}{10}$ — 0,25; $\frac{4}{5}$ — 0,7; $\frac{1}{20}$ — 0,04; $\frac{1}{5}$ — 0,05
       b) $\frac{3}{4}$ — 0,25; $\frac{3}{6}$ — 0,5; $\frac{3}{12}$ — 0,6; $\frac{3}{5}$ — 0,75; $\frac{1}{10}$ — 0,4; $\frac{2}{5}$ — 0,100

* Nr. 12	a) 10,15	d) 3,8	g) 1,753		
	b) 4,300	e) 17,31	h) 0,0		
	c) 0,78	f) 3,846	i) 8,1		

* Nr. 13   a) 151,4214   b) 54,689   c) 11,875
* Nr. 14   1,90 Euro
* Nr. 15   0,425 t
* Nr. 16   592,64 km
* Nr. 17   1 200 Dachziegel
* Nr. 18   *a) 332,549   ‡c) 6 211,4
           ‡b) 23,644 kg   ‡d) 89,9997
* Nr. 19   13,04 s
* Nr. 20   a) 193,478   c) 24,2316
          b) 393,707
* Nr. 21   a) 6 581,192
          b) 0,98882
* Nr. 22   80 Güterwagen
‡ Nr. 23   a) 0,375   h) $2,\overline{3}$
          b) $0,\overline{3}$ i) 0,625
          c) 2,75   j) $0,\overline{5}$
          d) 3,5   k) $0,0\overline{45}$
          e) 0,1875   l) $0,\overline{142857}143$
          f) $1,\overline{16}$ m) $0,2$
          g) 0,25   n) $0,41\overline{6}$

‡ Nr. 24   a) $0,3 < 0,33 < 0,333 < 0,\overline{3} < 0,334$
          b) $0,01 < 0,\overline{01} < 0,1 < 0,11 < 0,\overline{1}$
          c) $0,16 < 0,\overline{16} < 0,166 < 0,167 < 0,17$
          d) $0,7 < 0,77 < 0,\overline{7} < 0,78 < 0,\overline{78}$

‡ Nr. 25   a) 24,2316   b) 2,35   c) 7,5226
‡ Nr. 26   ≈ 2,50 Euro
‡ Nr. 27   a) $0,375 < 0,\overline{375} < 0,38 < \frac{4}{9} < \frac{4}{8}$
          b) $\frac{17}{10} < 1,782 < 1,783 < 1,7890$
‡ Nr. 28   154,449
‡ Nr. 29   10,571429
‡ Nr. 30   563,4 kg
‡ Nr. 31   a) 0,1875 ≈ 0,19   c) $0,\overline{6} ≈ 0,7$
          b) $0,7\overline{27} ≈ 0,773$ d) $0,8\overline{1} ≈ 0,818$
‡ Nr. 32   a) 2,35   c) 0,0019
          b) 7,5226
‡ Nr. 33   a) 0,89   c) 17,3
          b) 0,387   d) 1,6725
‡ Nr. 34   2 916,1744
‡ Nr. 35   a) 6 234,701   c) 42,815   e) 2,783
          b) 5 763,29   d) 55,2   f) 5,159
‡ Nr. 36   12 t
‡ Nr. 37   a) 4,5   c) 2,82373   e) 33,2
          b) 5 000   d) 7,85
‡ Nr. 38   3,16
‡ Nr. 39   594,– Euro
‡ Nr. 40   a) 2 239,5856   b) 14 476,1185   c) 76,8742
‡ Nr. 41   a) 49 m 55 cm   b) 8 kg 100 g
‡ Nr. 42   a) 162,16   b) 78,6682

‡ Nr. 43   a) 6,834   b) 61,16084
‡ Nr. 44   a) x = 10,63   b) x = 0,793   c) x = 50,26
‡ Nr. 45   ≈ 421 km
‡ Nr. 46   8 Cent Unterschied
‡ Nr. 47   53,76 Euro bzw. 40,32 Euro
‡ Nr. 48   a) 605 Liter   b) 864 Flaschen
‡ Nr. 49   5,33275
‡ Nr. 50   1 209,33 Euro
‡ Nr. 51   10,– Euro
‡ Nr. 52   15,63 Euro
‡ Nr. 53   12 (12,5) Bezüge
‡ Nr. 54   461,25 Euro
‡ Nr. 55   19,20 Euro
‡ Nr. 56   89,63
‡ Nr. 57   13 Kisten
‡ Nr. 58   10,90 Euro
‡ Nr. 59   0,42 Euro
‡ Nr. 60   70,56 km

Geometrie

* Nr. 1   a) L 225°   c) R 273°
         b) R 84°   d) L 48°
  Nr. 2   *a)–d)/‡e) alle siehe Geodreieck
* Nr. 3   a) $\overline{AB}$ = 4,9 cm; $\overline{BC}$ = 4,1 cm; $\overline{AC}$ = 4,4 cm;
         α = 52°; β = 57°; γ = 71°
         b) $\overline{AB}$ = 7,2 cm; $\overline{BC}$ = 4,6 cm; $\overline{AC}$ = 5,5 cm;
         α = 40°; γ = 50°; β = 90°
  Nr. 4   *a)/b), ‡c)/d) 4 Winkel, siehe Geodreieck
* Nr. 5   α = 100° / β = 80° / γ = 100°
* Nr. 6 $\overline{AB}$ = 6,6 cm; $\overline{BC}$ = 6,7 cm; $\overline{AC}$ = 4,0 cm;
         ∢BAC = α = 73°; ∢CBA = β = 35°;
         ∢ACB = γ = 72°
* Nr. 7   α = 50°   β = 130°   γ = 50°
* Nr. 8   a) r = 3,6 cm   b) r = 2,6 cm
       beide siehe Zirkel
‡ Nr. 9   vgl. Aufgabe (S. 66)
‡ Nr. 10   a) 180°   d) 240°
         b) 24°   e) 336°
         c) 72°
‡ Nr. 11   spitze W.: 46°; 4°; 30°; 89°; 12,5° // rechte W.: 90°
         stumpfe W.: 145°; 91°; 100°; 135°; 99°; 121°; 111°
         gestreckte W.: 180° überstumpfe W.: 210°; 275°;
         355°; 190°; 300°; 180,1° // Vollwinkel: 360°
‡ Nr. 12   a)   b) $\overline{AB}$ = 4,5 cm
                                         $\overline{BC}$ = 2,9 cm
                                         $\overline{AC}$ = 3,4 cm
                                         α = 40°
                                         β = 49°
                                         γ = 91°
‡ Nr. 13   72°

‡ Nr. 14 a) 12 s c) 16 s
         b) 4 s   d) 36 s

Nr. 15 ‡a)–c), ‡d)–g) vgl. Aufgabe (S. 67)

‡ Nr. 16 α = 155°; β = 25°; γ = 155°; δ = 90°; ε = 90°;
ζ = 90°; η = 90°; θ = 115°; ι = 65°; κ = 115°;
λ = 65°; μ = 90°; ν = 90°; ξ = 90°; ο = 90°;
π = 155°; φ = 25°; ρ = 155°; σ = 25°

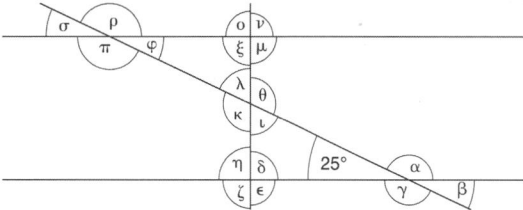

‡ Nr. 17 a) $\overline{AB}$ = 5,4 cm   b) $\overline{RS}$ = 3,6 cm
          $\overline{BC}$ = 5,7 cm $\overline{ST}$ = 3,6 cm
          $\overline{AC}$ = 9,2 cm $\overline{TU}$ = 5,0 cm
          α = 34° $\overline{RU}$ = 5,4 cm
          β = 113°   ∢SRU = 102°
          γ = 33°   ∢TSR = 90°
                                         ∢UTS = 111°
                                         ∢RUT = 57°

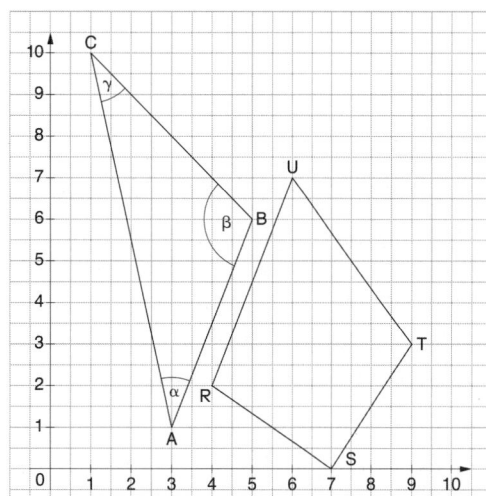

Nr. 18 ‡a)/‡b) vgl. Aufgabe (S. 68)

‡ Nr. 19 α = 45° / β = 135° / γ = 45° / δ = 135° / ε = 45°/
ζ = 135° / η = 45° / θ = 90° / ι = 90° / κ = 90° /
λ = 90° / μ = 135° / ν = 45° / ξ = 135° / ο = 45° /
π = 45° / ρ = 135° / σ = 45° / τ = 135°

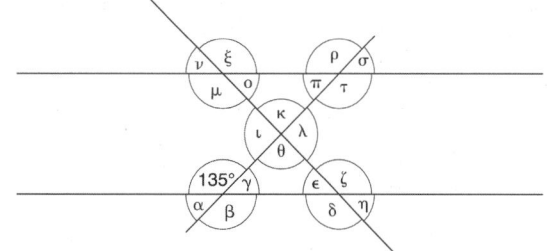

‡ Nr. 20 a) β = 36°   b) $\overline{BC}$ = 5,1 cm
          γ = 65° $\overline{CD}$ = 6,7 cm

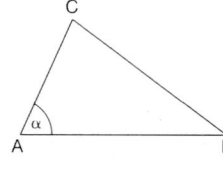 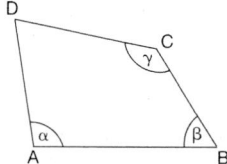

‡ Nr. 21 α = 125°; **β = 55°**; γ = 125°; δ = 55°; ε = 125°;
ζ = 55°; η = 125°; θ = 55°; **ι = 135°**; κ = 45°;
λ = 135°; μ = 45°; ν = 135°; ξ = 45°; ο = 135°;
π = 45°

‡ Nr. 22 $\overline{BC}$ = 5,7 cm
          $\overline{AC}$ = 6,8 cm
          γ = 70°

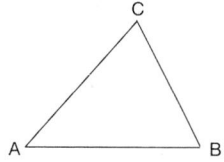

‡ Nr. 23 $\overline{AB}$ = 3,5 cm
          $\overline{BC}$ = 3,2 cm
          $\overline{CD}$ = 3,7 cm
          $\overline{AD}$ = 7,1 cm
          ∢BAD = 49°
          ∢CBA = 144°
          ∢DCB = 103°
          ∢ADC = 64°

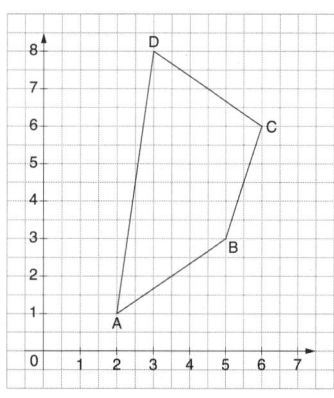

Gesamtwiederholung

* Nr. 1 a) $\frac{3}{4}$ c) $1\frac{2}{5}$ e) $2\frac{539}{1000}$
         b) 0,8   d) 2,125

* Nr. 2 c) ∢BAD = 48° / ∢ CBA = 144° /
            ∢DCB = 104° / ∢ ADC = 64°
         d) $\overline{AB}$ = 3,6 cm / $\overline{BC}$ = 3,2 cm /
            $\overline{CD}$ = 3,6 cm / $\overline{AD}$ = 7,2 cm /

* Nr. 3 7,09 Euro
* Nr. 4 60 t
* Nr. 5 21 Kisten
* Nr. 6 3,75 Euro
* Nr. 7 42,625 ≈ 42,60 Euro
* Nr. 8 15 Kartons

‡ Nr. 9 a) 12   g) 678,618
         b) 24 848,64   h) 147
         c) 36 904,54   i) 2
         d) $\frac{7}{40}$ j) 268,335
         e) 3   k) 4 309,897
         f) 1 419,371

‡ Nr. 10 a) 9 s   c) 2 s
          b) 6 s   d) 27 s

‡ Nr. 11 a) $\left(2\frac{5}{12} - \frac{11}{18}\right) \cdot 2\frac{1}{13} = 3\frac{3}{4}$
          b) $16 \cdot \left(\frac{7}{12} - \frac{3}{8}\right) = 3\frac{1}{3}$
          c) $\left(\frac{7}{18} + \frac{5}{12}\right) \cdot 2\frac{14}{29} = 2$

‡ Nr. 12 $\frac{1}{6}$

‡ Nr. 13 a) $6\frac{1}{4}$ Liter   b) 12 Flaschen

‡ Nr. 14 a) $\frac{6}{25}$ d) $\frac{3}{25}$ g) $3\frac{3}{50}$ j) $28\frac{3}{8}$
          b) $\frac{1}{200}$ e) $4\frac{1}{4}$ h) $1\frac{3}{500}$
          c) $\frac{19}{500}$ f) $5\frac{2}{5}$ i) $15\frac{2}{25}$

Nr. 15 a) $4\frac{5}{12}$ b) $10\frac{17}{30}$ c) $5\frac{1}{3}$ d) $1\frac{33}{40}$

Nr. 16 a) 3,81 / 0,10 / 13,13 / 0,89
b) 23,8 / 9,0 / 2,2 / 0,9

Nr. 17 a) 50,7   c) 0,26   e) 0,42
b) 0,1625   d) 5,97   f) 7,83

Nr. 18 a) 1 242,06 (≈ 1 242,06)
b) 53,2 ≈ 53,20
c) 5 070 ≈ 5 070,00
d) 0,203 ≈ 0,20
e) 3 181,074 ≈ 3 181,07
f) 7 892,08 (≈ 7 892,08)

Nr. 19 88 728,78 Euro

Nr. 20 a) $19\frac{2}{5}$ c) $6\frac{1}{18}$
b) $1\frac{7}{8}$ d) $1\frac{11}{12}$

Nr. 21 126,– Euro

Nr. 22 a) 10   b) 3,94

Nr. 23 a) $1\frac{5}{16}$ d) $3\frac{3}{8}$ g) $\frac{4}{9}$ j) $2\frac{2}{9}$
b) $4\frac{1}{5} = 4{,}2$ e) $1\frac{4}{5}$ h) $6\frac{59}{80}$ k) $\frac{103}{120}$
c) $2\frac{2}{21}$ f) $6\frac{1}{8}$ i) $4\frac{7}{12}$

Nr. 24 471,61 Euro

Nr. 25 a) 14 476,1185   b) 76,8742

Nr. 26 40 s

Nr. 27 a) $x = 152{,}375$ c) $x = 3{,}09$
b) $x = 80{,}5$ d) $x = 0{,}1125$

Nr. 28 320 Sticker

Nr. 29 um 8.02 Uhr

Nr. 30 a) Jonas: 8 Stimmen / Bettina: 9 Stimmen / Christoph: 7 Stimmen
b) $\frac{7}{24}$

Nr. 31 a) 1,884   c) 8,4775
b) 4,39   d) 5,11251

Nr. 32 a) $0{,}3052 < 0{,}30\overline{52} < 0{,}\overline{3052} < 0{,}30\overline{52} < 0{,}3205$
b) $\frac{4}{11} < 0{,}375 < 0{,}3\overline{75} < 0{,}38 < \frac{4}{9}$
c) $\frac{17}{10} < 1{,}78\overline{29} < 1{,}783 < 1{,}7\overline{890}$

Nr. 33 $\left(3\frac{1}{24} + 9\frac{7}{36}\right) - \frac{15}{56} \cdot 42 = \frac{71}{72}$

Nr. 34 1 km/h Unterschied

Nr. 35 a) 88   b) 17,155   c) 6

Nr. 36 a) 517,86 cm² / u = 107,4 cm
b) 657,2 cm² / u = 145,2 cm
c) 857,66 cm² / u = 165 cm

Nr. 37 $2\frac{38}{65}$

Nr. 38 b) γ = 35°   c) $\overline{BC}$ = 10,6 cm

Nr. 39 79 Paare

Nr. 40 a) α = 65°   b) δ = 110°

Nr. 41 $1{,}36 - \left(0{,}4 \cdot 0{,}3 + 1\frac{1}{5} \cdot 0{,}2\right) = 1$

Nr. 42 a) 501,20 Euro + 65,– Euro + 28,80 Euro = 595,– Euro

Nr. 43 a) 3 250 m³   b) 1 640 m²

Nr. 44 1 213,46 Euro

Nr. 45 1 654,40 Euro

Nr. 46 a) [Skizze: 80°, 4 km, 70°, 3 km, 85°, 6,5 km, 5 km, Norden, links, Start]
b) Drehe dich um 85° nach links und gehe 6,5 km geradeaus.

Nr. 47 am 30. Tag

Nr. 48 2 km

Nr. 49 Maria 3 200,– Euro / Karin 4 500,– Euro / Ursula 10 000,– Euro / Eva 6 300,– Euro

Nr. 50 a) $\left(2\frac{1}{24} + 1\frac{31}{32}\right) \cdot \left(2\frac{1}{5} - 1\frac{2}{7}\right) = 3\frac{2}{3}$
b) $3 \cdot \left(4\frac{1}{18} + 2\frac{1}{4}\right) - 5 \cdot \left(4\frac{5}{24} - 3\frac{13}{18}\right) = 16\frac{35}{72}$
c) $\left(3{,}25 + 2\frac{1}{7}\right) + \left(5\frac{5}{8} - 3\frac{3}{14}\right) = 7\frac{45}{56}$
d) $\left(1{,}6 + 2\frac{10}{21}\right) - \left(1\frac{13}{15} + 1\frac{33}{35}\right) = \frac{4}{15}$
e) $4{,}09 - 0{,}34 \cdot \left(3\frac{2}{5} + 2{,}75\right) = 1{,}999$

Nr. 51 $4 - 14 \cdot 0{,}23 - 0{,}058 \cdot x > 0 \to x = 13$

Nr. 52 10 637,50 Euro

Nr. 53 175 m

Nr. 54 19,20 Euro

Nr. 55 540 km

Nr. 56 $\left(4\frac{4}{5} \cdot 12{,}6 - 235{,}19 : 29\right) + 9{,}24 = 61{,}61$

Nr. 57 b) $\overline{AB}$ = 6,6 cm / $\overline{BC}$ = 4,1 cm / $\overline{CD}$ = 7,3 cm / $\overline{DE}$ = 5,6 cm / $\overline{AE}$ = 5,8 cm
c) ∢BAE = 98° / ∢CBA = 144° / ∢BCD = 78° / ∢EDC = 120° / ∢AED = 100°
d) $\overline{AD}$ = 8,7 cm / $\overline{AC}$ = 10,2 cm / $\overline{BD}$ = 7,6 cm / $\overline{BE}$ = 9,3 cm / $\overline{CE}$ = 11,1 cm
e) Dreieck ABD / Dreieck ACE / Dreieck BDE

Lösungen der Tests

Teiler und Vielfache

Seite 11:

* Nr. 1 a) T_{25} = {1, 5, 25}
         b) T_{32} = {1, 2, 4, 8, 16, 32}
         c) T_{43} = {1, 43}

* Nr. 2 a) V_9 = {9, 18, 27, 36, 45, 54}
         b) V_{13} = {13, 26, 39, 52, 65, 78}
         c) V_{24} = {24, 48, 72, 96, 120, 144}

* Nr. 3 a) 7 | 105   c) 14 ∤ 52   e) 15 ∤ 95
         b) 7 ∤ 74   d) 12 | 132   f) 11 ∤ 122

* Nr. 4 a) T_{38} = {1, 2, 19, 38}
         b) T_{20} = {1, 2, 4, 5, 10, 20}
         c) V_{11} = {11, 22, 33, 44, 55, 66, ...}

* Nr. 5 41, 37, 2, 11, 13, 5

‡ Nr. 6

ist teilbar durch	2	3	5	9	10	25
792	×	×		×		
4 635		×	×			
58 480	×		×		×	
108 825		×	×			×

‡ Nr. 7 Es waren 132 Personen.

Seite 12:

* Nr. 1 a) T_{48} = {1, 2, 3, 4, 6, 8, 12, 16, 24, 48}
         b) T_{51} = {1, 3, 17, 51}
         c) T_{28} = {**1**, 2, 4, 7, 14, **28**}

* Nr. 2 a) V_{17} = {17, 34, 51, 68, 85, 102, ...}
         b) V_{21} = {21, 42, 63, 84, 105, 126, ...}
         c) V_{23} = {23, 46, **69**, **92**, 115, 138, ...}

* Nr. 3 a) wahr   c) falsch   e) falsch
         b) wahr   d) wahr   f) falsch

* Nr. 4 83, 59, 2, 37, 29

‡ Nr. 5

ist teilbar durch	2	3	4	5	9	10	25
6 824	×		×				
375		×		×			×
10 458	×	×			×		
152 400	×	×	×	×		×	×

‡ Nr. 6 a) ggT = 7   c) kgV = 52
         b) ggT = 2   d) kgV = 120

‡ Nr. 7 a) Nach 175 Sekunden.
         b) Udo ist 7 Bahnen, Horst 5 Bahnen geschwommen.

Seite 13:

* Nr. 1 a) wahr   c) wahr
         b) falsch   d) falsch

* Nr. 2 29, 41, 2, 37

‡ Nr. 3 a) T_{34} = {1, 2, 17, 34}
         b) T_{48} = {1, 2, 3, 4, 6, 8, 12, 16, 24, 48}
         c) T_{40} = {**1**, 2, 4, 5, 8, 10, 20, **40**}
         d) T_{3969} = {1, 3, 7, 9, 21, 27, 49, **63**, 81, 147, 189, 441, 567, 1 323, 3 969}

‡ Nr. 4 a) V_{17} = {17, 34, 51, 68, 85, 102, ...}
         b) V_{24} = {24, 48, 72, 96, 120, 144, ...}
         c) V_{18} = {18, 36, 54, **72**, **90**, 108, ...}
         d) V_{21} = {21, 42, **63**, 84, 105, 126, ...}

‡ Nr. 5

ist teilbar durch	2	3	4	5	9	10	25
248	×		×				
8 205		×		×			
45 270	×	×		×	×	×	
152 400	×	×	×	×		×	×

‡ Nr. 6 a) ggT = 9   c) ggT = 4
         b) kgV = 102   d) kgV = 48

‡ Nr. 7 Nach 120 Minuten.

‡ Nr. 8 3 m

Seite 14:

* Nr. 1 a) T_{72} = {1, 2, 3, 4, 6, 8, 9, 12, 18, 24, 36, 72}
         b) T_{56} = {1, 2, 4, 7, 8, 14, 28, 56}

* Nr. 2 a) V_{19} = {19, 38, 57, 76, 95, 114, 133, ...}
         b) V_{112} = {112, 224, 336, 448, 560, 672, 784, ...}

* Nr. 3 Nach 100 Sekunden.

‡ Nr. 4 a) T_{54} b) T_{40}

‡ Nr. 5 98 235 teilbar durch:
         nicht : 2 / : 3 / nicht : 4 / : 5 / nicht : 6 / : 9 /
         nicht : 12 / : 15 / nicht : 25

‡ Nr. 6 a) wahr, weil 280 : 14 und 14 : 14
         b) falsch, weil 3 500 : 35 und 120 nicht : 35

‡ Nr. 7 a) Ja, weil 2 · Zahl + 2 · Zahl immer eine gerade Zahl ist und größer als 2.
         b) Nein, weil das Produkt der Zahlen a und b mindestens durch 1, durch sich selbst und durch a und durch b teilbar ist. Ausnahme ist, wenn 1 und 2 eingesetzt werden.

‡ Nr. 8 a) 168 = $2^3 · 3^1 · 7^1$ // 216 = $2^3 · 3^3$ //
         252 = $2^2 · 3^2 · 7^1$
         ggT = $2^2 · 3^1$ = 12   kgV = $2^3 · 3^3 · 7^1$ = 1 512
         b) 63 = $3^2 · 7^1$ // 98 = $2^1 · 7^2$
         ggT = 7^1 = 7   kgV = $2^1 · 3^2 · 7^2$ = 882

‡ Nr. 9 a) Der Abstand beträgt 36 cm.
         b) Es sind 4 + 5 + 15 = 24 Stücke.

Bruchzahlen

Seite 22:

* Nr. 1 a) 24 m   b) 270 t   c) x = 360 Euro

* Nr. 2 a) $\frac{9}{24}$ b) $\frac{102}{210}$ c) $\frac{28}{60}$ d) $\frac{72}{128}$

* Nr. 3 a) $\frac{3}{13}$ b) $\frac{30}{125}$ c) $\frac{8}{12}$ d) $\frac{83}{24}$

* Nr. 4 a) $\frac{34}{70}$ b) $\frac{12}{13}$ c) $\frac{49}{77}$ d) $\frac{7}{9}$

* Nr. 5 a) $\frac{51}{4}$ b) $\frac{65}{9}$ c) $\frac{139}{5}$

* Nr. 6 a) $3\frac{1}{17}$ b) $21\frac{2}{5}$ c) $8\frac{4}{7}$

✣ Nr. 7 a) 300 g / 625 g   c) 75 cm / 8 cm
        b) 35 s / 51 s   d) 570 kg / 120 kg

✣ Nr. 8 $\frac{3}{4} = \frac{15}{20}$ // $\frac{4}{5} = \frac{16}{20}$ Fritz' Schulweg ist länger.

Seite 23:

* Nr. 1 a) 12 Kästchen   c) 8 Kästchen
         b) 25 Kästchen

* Nr. 2 a) $2\frac{1}{4}$ b) $3\frac{3}{6}$ c) $6\frac{5}{12}$ d) $7\frac{3}{14}$

* Nr. 3 a) $\frac{16}{3}$ b) $\frac{30}{7}$ c) $\frac{23}{7}$ d) $\frac{113}{9}$

* Nr. 4 a) $\frac{5}{9}$
         b) $\frac{18}{6} = 3$ c) $\frac{19}{19} = 1$
                                            d) $\frac{35}{14} = 2\frac{7}{14} = 2\frac{1}{2}$

* Nr. 5 a) $\frac{40}{100}$ b) $\frac{120}{100}$ c) $\frac{35}{100}$ d) $\frac{75}{100}$

* Nr. 6 a) $\frac{4}{5}$ b) $\frac{5}{7}$ c) $\frac{2}{3}$ d) $\frac{3}{4}$

* Nr. 7 1 360,– Euro

✣ Nr. 8 a) 28 cm   c) 27 min
         b) 60 g   d) 400 ml

Seite 24:

* Nr. 1 a) 20 Kästchen   b) 14 Kästchen

* Nr. 2 a) $3\frac{3}{8}$ b) $7\frac{7}{12}$ c) $5\frac{5}{19}$

* Nr. 3 a) $\frac{23}{7}$ b) $\frac{37}{28}$ c) $\frac{171}{11}$

* Nr. 4 a) $\frac{4}{5}$ b) $\frac{5}{7}$ c) $\frac{7}{9}$

* Nr. 5 a) x = 490 Euro   b) x = 64 kg

* Nr. 6 9 600,– Euro

✣ Nr. 7 a) $\frac{8}{18}$ u. $\frac{5}{18}$ b) $\frac{35}{42}$ u. $\frac{15}{42}$ c) $\frac{16}{60}$ u. $\frac{55}{60}$

✣ Nr. 8 Es sind 160 Jungen.

✣✣ Nr. 9 a) $\frac{9}{20}$; $\frac{16}{20}$; $\frac{15}{20}$ → $\frac{3}{10} < \frac{3}{4} < \frac{4}{5}$
          b) $\frac{20}{24}$; $\frac{18}{24}$; $\frac{22}{24}$; $\frac{21}{24}$ → $\frac{3}{4} < \frac{5}{6} < \frac{7}{8} < \frac{11}{12}$

Seite 25:

* Nr. 1 a) $3\frac{1}{12}$ b) $10\frac{14}{15}$ c) $8\frac{3}{80}$

* Nr. 2 75 000,– Euro

* Nr. 3 a) $\frac{30}{48}$ b) $\frac{44}{68}$ c) $\frac{18}{15}$

* Nr. 4 a) $\frac{3}{4}$ b) $\frac{4}{7}$ c) $\frac{11}{50}$

✣ Nr. 5 a) $\frac{100}{3}$ b) $\frac{95}{11}$ c) $\frac{384}{25}$

✣ Nr. 6 a) A: $\frac{2}{10} = \frac{1}{5}$; B: $\frac{7}{10}$; C: $1\frac{3}{10}$; D: $2\frac{1}{10}$

✣ Nr. 7 $\frac{360}{810} = \frac{4}{9}$

✣ Nr. 8 240 km

✣ Nr. 9 a) 600 g   c) 48 min   e) 360 kg
         b) 15 a   d) 625 m

✣✣ Nr. 10 $\frac{15}{30}$; $\frac{24}{30}$; $\frac{14}{30}$; $\frac{20}{30}$ → $\frac{7}{15} < \frac{1}{2} < \frac{2}{3} < \frac{4}{5}$

✣ Nr. 11 45 Zookarten, 48 Museumskarten und 27 Planetariumskarten

Multiplikation und Division von Brüchen

Seite 32:

* Nr. 1 a) $\frac{15}{77}$ b) $3\frac{8}{9}$ c) $3\frac{1}{4}$

* Nr. 2 a) $\frac{20}{21}$ b) $\frac{2}{9}$ c) $2\frac{2}{3}$

* Nr. 3 38 Kisten

* Nr. 4 3 kg

* Nr. 5 25 Gläser

✣ Nr. 6 a) $8\frac{1}{15}$ c) $10\frac{2}{5}$ e) $1\frac{5}{9}$
         b) $14\frac{1}{3}$ d) $9\frac{1}{5}$ f) $1\frac{35}{64}$

✣ Nr. 7 a) $\frac{25}{168}$ b) $1\frac{47}{63}$

Seite 33:

* Nr. 1 a) $\frac{15}{22}$ b) $10\frac{2}{3}$ ✣ c) $4\frac{2}{7}$

✣ Nr. 2 $\frac{3}{20}$ spielen Fußball.

✣ Nr. 3 Es sind 30 LPs, 28 Singles und 12 CDs.

✣ Nr. 4 a) $1\frac{1}{3}$ b) $\frac{3}{7}$ c) $6\frac{1}{4}$

✣ Nr. 5 8,95 Euro

✣✣ Nr. 6 a) 4   b) $8\frac{1}{2}$

✣✣ Nr. 7 a) $1\frac{13}{35}$ b) 8

Seite 34:

* Nr. 1 $\frac{3}{8}$ Liter

* Nr. 2 $4\frac{1}{5}$ Liter

* Nr. 3 175 m

✣ Nr. 4 a) $\frac{15}{68}$ d) $\frac{4}{27}$ g) $2\frac{11}{35}$ ✣✣ j) 20
         b) $4\frac{3}{8}$ e) $3\frac{8}{9}$ h) $6\frac{1}{4}$ ✣✣ k) 3
         c) $22\frac{1}{2}$ f) $16\frac{1}{3}$ ✣✣ i) $\frac{1}{7}$

✣ Nr. 5 a) $x = 1\frac{4}{5}$ b) $x = \frac{7}{8}$

Seite 35:

* Nr. 1 a) $16\frac{5}{8}$ b) $11\frac{3}{7}$

✣ Nr. 2 $\frac{55}{81}$

✣ Nr. 3 a) 75   b) 15   c) $7\frac{3}{7}$

✣ Nr. 4 a) $7\frac{1}{2}$ b) $\frac{504}{589}$ c) $2\frac{43}{171}$

✣ Nr. 5 a) $x = \frac{7}{11}$ b) x = 12   c) $x = \frac{12}{13}$

✣ Nr. 6 a) 140 Flaschen   c) 15 Flaschen
         b) 100 Flaschen   d) $56\frac{1}{4}$ Liter

✣✣ Nr. 7 A: $\frac{9}{20} \cdot \frac{1}{8} = \frac{9}{160}$ und B: $\frac{7}{16} \cdot \frac{1}{10} = \frac{7}{160}$
          A ist besser.

Addition und Subtraktion von Brüchen

Seite 42:

* Nr. 1 a) $\frac{4}{5}$ b) $\frac{2}{3}$ c) $\frac{5}{9}$

* Nr. 2 a) $2\frac{5}{14}$ b) $1\frac{5}{9}$

* Nr. 3 Es sind $4\frac{9}{20}$ kg.

‡ Nr. 4	a) $\frac{3}{5} < \frac{7}{10} < \frac{3}{4}$	b) $\frac{11}{12} < \frac{9}{8} < 1\frac{1}{6}$
‡ Nr. 5	a) $6\frac{1}{6}$	b) $4\frac{5}{18}$	c) $1\frac{11}{40}$
	b) $5\frac{19}{20}$	d) $3\frac{3}{10}$	f) $1\frac{1}{10}$

‡ Nr. 6   Es sind $7\frac{7}{20}$ Minuten.

Seite 43:

* Nr. 1 $11\frac{1}{2}$ t
* Nr. 2   a) $\frac{55}{63}$ c) $9\frac{31}{36}$ e) $1\frac{1}{6}$ g) $\frac{9}{40}$
           b) $\frac{13}{42}$ d) $11\frac{17}{24}$ ‡‡‡ f) $3\frac{19}{60}$
‡ Nr. 3   a) $x = \frac{2}{15}$ b) $x = 8\frac{38}{39}$ c) $x = 2\frac{7}{20}$
‡ Nr. 4   a) $10\frac{9}{20}$ m   b) $3\frac{3}{20}$ m   c) $8\frac{9}{10}$ m

Seite 44:

* Nr. 1 $7\frac{1}{3}$ t
* Nr. 2 $15\frac{1}{2}$ s
‡ Nr. 3   a) $\frac{13}{50}$ d) $1\frac{7}{18}$ g) $7\frac{1}{20}$ j) $8\frac{27}{28}$
           b) $\frac{17}{36}$ e) $\frac{13}{42}$ h) $11\frac{11}{18}$ k) $3\frac{19}{30}$
           c) $\frac{11}{12}$ f) $2\frac{1}{2}$ i) $\frac{5}{8}$ l) $2\frac{11}{12}$
‡ Nr. 4   a) $x = \frac{1}{3}$ b) $x = 4\frac{1}{12}$
‡ Nr. 5   a) Martin hat $\frac{11}{60}$ verkauft.
           b) Martin < Thomas < Hans < Peter

Seite 45:

‡ Nr. 1 $4\frac{11}{20}$ km
‡ Nr. 2   a) $\frac{83}{120}$ b) $3\frac{7}{9}$ c) $5\frac{1}{12}$ ‡‡‡ d) $1\frac{23}{40}$
‡ Nr. 3   a) $x = 4\frac{61}{84}$ ‡‡‡ b) $x = 2\frac{1}{4}$
‡‡‡ Nr. 4 $x = 5\frac{5}{8}$
‡‡‡ Nr. 5   a) $\frac{6}{35}$ b) 280 000,– Euro

Grundrechenarten in der Bruchrechnung

Seite 51:

* Nr. 1   a) $\frac{1}{18}$ b) $4\frac{1}{10}$ c) 4   d) $\frac{15}{32}$
* Nr. 2   a) 360 kg   b) 90,– Euro
* Nr. 3 $5\frac{1}{12}$ kg
* Nr. 4 $4\frac{1}{6}$ ha
‡ Nr. 5   a) $\frac{7}{9}$ c) $1\frac{5}{6}$ e) $2\frac{1}{2}$
           b) $\frac{1}{6}$ d) $1\frac{1}{3}$ f) $5\frac{1}{10}$

Seite 52:

* Nr. 1   a) $x = 8\frac{13}{14}$ b) $x = 14\frac{1}{3}$
‡ Nr. 2   a) $(3\frac{1}{12} + 8\frac{1}{6}) \cdot \frac{1}{30} = \frac{3}{8}$
           b) $(9\frac{1}{7} - 2\frac{5}{8}) : 1\frac{1}{4} = 5\frac{3}{14}$
‡ Nr. 3   96,9 km/h; $\frac{1260}{13}$ km/h = $96\frac{12}{13}$ km/h
‡ Nr. 4   a) $1\frac{3}{7}$ b) $\frac{1}{4}$ c) $1\frac{1}{19}$
‡ Nr. 5   a) $25\frac{1}{5}$ Liter   b) $18\frac{9}{10}$ Liter
‡ Nr. 6   a) $2\frac{1}{2}$ b) $\frac{6}{11}$ c) $2\frac{16}{27}$

Seite 53:

* Nr. 1 $2\frac{3}{16}$ Liter
* Nr. 2   a) $x = 1\frac{7}{20}$ b) $x = 1\frac{17}{18}$
‡ Nr. 3   a) $1\frac{1}{15}$ b) $1\frac{23}{40}$ c) $3\frac{6}{7}$
‡ Nr. 4   a) $(2\frac{1}{3} + 4\frac{3}{4}) \cdot 1\frac{1}{5} = 8\frac{1}{2}$
           ‡‡‡ b) $(1\frac{1}{3} \cdot \frac{7}{8}) - (2\frac{1}{4} - 1\frac{3}{5}) = \frac{31}{60}$
‡ Nr. 5 $1\frac{63}{200}$ Liter
‡‡‡ Nr. 6   a) $2\frac{5}{24}$ b) $18\frac{1}{28}$

Seite 54:

‡ Nr. 1   a) 60   b) $2\frac{5}{6}$ c) $2\frac{1}{10}$ d) 2
‡ Nr. 2   a) $x = 1\frac{1}{5}$ b) $x = 1\frac{55}{72}$
‡ Nr. 3 $(6\frac{5}{8} - 4\frac{1}{2}) : (1\frac{1}{3} \cdot \frac{2}{5}) = 3\frac{63}{64}$
‡ Nr. 4   94 Kügelchen
‡ Nr. 5   a) $\frac{3}{5}$ spielen Fußball   b) 33 Mädchen

Dezimalbrüche

Seite 61:

* Nr. 1   a) 0,28   c) 0,74   e) 0,4
           b) 0,012   d) 0,75
* Nr. 2   a) 1,1   b) 2,846
           b) 0,08   d) 2 299,76
* Nr. 3   ≈ 24,33 Euro
* Nr. 4   a) 30,73   b) 13,4412   c) 37,18
‡ Nr. 5   a) 34,27   b) 0,85   c) 400,7135
‡ Nr. 6   80,80 Euro

Seite 62:

‡ Nr. 1   a) $3,48 \approx 3,5$ b) $180,\overline{4} \approx 180,44$
‡ Nr. 2   a) $0,\overline{27}$ b) $0,\overline{4}$ c) 2,2
‡ Nr. 3   a) $12,3045 < 12,34 < 12,\overline{34} < 12,345$
           b) $0,\overline{73} < \frac{3}{4} < 0,751 < \frac{4}{5}$
‡ Nr. 4   a) $0,6 \cdot 0,8 + 12 : 2,5 = 5,28$
           b) $(7,5 + 0,75) \cdot (0,95 - 0,085) = 7,13625$

✱ Nr. 5 a) 55,4   b) 1,1   c) 6,27   d) 0,26
✱ Nr. 6 7 Rohre zu 0,45 t

Seite 63:

∗ Nr. 1 a) $x = 4{,}25$ b) $x = 5$
∗ Nr. 2 22 000 Flaschen
✱ Nr. 3 a) 3,25   c) 2,6   e) $0{,}58\overline{3}$
        b) $0{,}\overline{1}$ d) $0{,}\overline{6}$
✱ Nr. 4 $0{,}16 < \frac{1}{6} < 0{,}6 < 0{,}6\overline{5} < 0{,}\overline{65} < \frac{33}{50}$
✱ Nr. 5 a) 40,235   c) 46 237,6
        b) 0,0012   d) 0,26
✱ Nr. 6 a) $(18{,}5 + 14{,}26) \cdot 9{,}3 = 304{,}668$
        b) $65{,}04 : (243{,}5 - 242{,}30) = 54{,}2$
✱ Nr. 7 42,195 km

Seite 64:

✱ Nr. 1 a) $x = 0{,}594$ b) $x = 437{,}658$
✱ Nr. 2 $4{,}08 \cdot 21{,}3 - 0{,}786 : 0{,}015 = 34{,}504$
✱ Nr. 3 a) 2,896   b) 1,985   ✱✱ c) 54
✱ Nr. 4 a) 0,136   c) 1,875   e) $0{,}2\overline{09}$
        b) 0,06   d) $1{,}\overline{285714}$
✱ Nr. 5 $\frac{2}{5} < 0{,}\overline{405} < 0{,}\overline{42} < 0{,}43 < \frac{43}{99} < \frac{4}{9}$
✱ Nr. 6 325,64 Euro
✱ Nr. 7 49 Minuten

Geometrie

Seite 69:

∗ Nr. 1 a) r = 4,6 cm   b) r = 3,25 cm
        beide siehe Zirkel
∗ Nr. 2 a)–c) alle siehe Geodreieck
∗ Nr. 3 a) (Dreieck)   b) α = 70°
                      β = 70°
                      γ = 40°

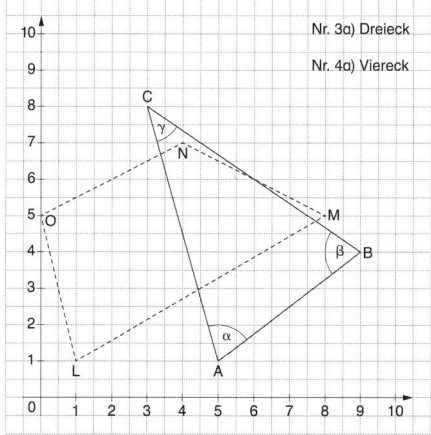

∗ Nr. 4 a) (Viereck)   b) α = 75°
                       β = 56°
                       γ = 128°
                       δ = 101°

    c) $\overline{LM}$ = 8,1 cm $\overline{MN}$ = 4,5 cm
       $\overline{NO}$ = 4,5 cm $\overline{LO}$ = 4,1 cm

✱ Nr. 5 a) 60,6653   c) 27,178   e) 4
        b) 15,725   d) 3,5

Seite 70:

∗ Nr. 1 a)–d) alle siehe Geodreieck
∗ Nr. 2 a) rechter W.   c) stumpfer W.
        b) spitzer W.   d) überstumpfer W.
∗ Nr. 3 a)

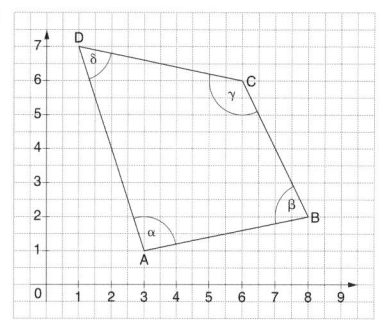

        b) $\overline{AB}$ = 5,2 cm $\overline{BC}$ = 4,5 cm
           $\overline{CD}$ = 5,2 cm $\overline{AD}$ = 6,4 cm
           α = 99°   β = 73°
           γ = 129°   δ = 59°

∗ Nr. 4 a) r = 3,6 cm   b) r = 2,5 cm;
        beide siehe Zirkel
∗ Nr. 5 a) 246 390 b) 2 618   c) –72   d) $1\frac{1}{2}$
✱ Nr. 6 vgl. Aufgabe (S. 70)
✱ Nr. 7 a) 1.) 16 s 2.) 6 s   b) 270°

Seite 71:

∗ Nr. 1 a)–d) alle siehe Geodreieck
∗ Nr. 2 a)–d) alle siehe Geodreieck
∗ Nr. 3 a)/b) alle siehe Geodreieck
✱ Nr. 4 a)

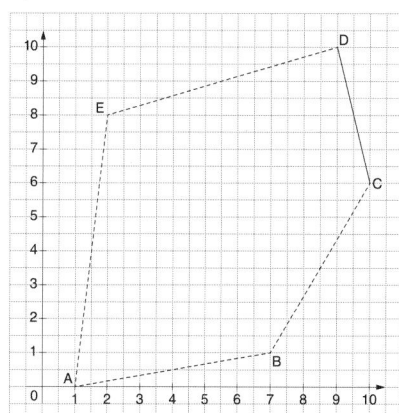

        b) ∢BAE = 73°
           ∢CBA = 131°
           ∢DCB = 135°
           ∢EDC = 89°
           ∢AED = 112°
           540°

✱ Nr. 5 a) Er benötigt 12 Minuten.
        b) Es sind 240° überstrichen.

Nr. 6 a) $\beta_1 = \mathbf{58°}$; $\beta_2 = 122°$; $\beta_3 = 58°$; $\beta_4 = 122°$
$\gamma_1 = \mathbf{82°}$; $\gamma_2 = 98°$; $\gamma_3 = 82°$; $\gamma_4 = 98°$
$\alpha_1 = 40°$; $\alpha_2 = 140°$; $\alpha_3 = 40°$; $\alpha_4 = 140°$

b) Haupt-/Nebenwinkel: α_1 und α_2 bzw. β_1 und β_4
Scheitelwinkel: α_1 und α_3 bzw. γ_1 und γ_3

Seite 72:

Nr. 1 a) 6 s b) 4 s c) 22 s

Nr. 2 a) $\overline{AB}$ = 3,1 cm   b) $\overline{LM}$ = 5,7 cm
$\overline{BC}$ = 3,1 cm $\overline{MN}$ = 6,0 cm
$\overline{CD}$ = 3,7 cm $\overline{LN}$ = 5,9 cm
$\overline{AD}$ = 6,1 cm   ∢MLN = 62°
∢BAD = 63°   ∢NML = 60°
∢CBA = 127°   ∢LNM = 58°
∢DCB = 104°
∢ADC = 66°

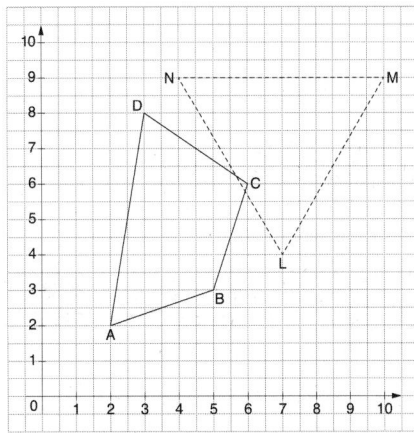

Nr. 3 spitze W.: 89°; 7°; 45,5°
rechte W.: 90°
gestreckte W.: 180°
stumpfe W.: 114°; 141°; 120°; 100°
überstumpfe W.: 273°; 200°

Nr. 4 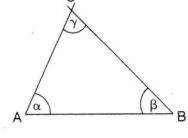 $\overline{AC}$ = 5,0 cm
$\overline{BC}$ = 6,5 cm

Nr. 5 $\alpha = 64°$
$\gamma = 118°$
$\delta = 105°$
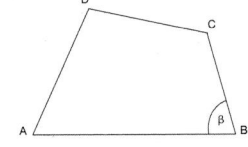

Nr. 6 a)/b) vgl. Aufgabe (S. 72)

Nr. 7 $\alpha = \mathbf{50°}$; $\beta = 130°$; $\psi = 50°$; $\delta = 40°$; $\varepsilon = 90°$;
$\varphi = 50°$; $\gamma = 40°$; $\eta = 90°$; $\iota = 140°$; $\kappa = 40°$;
$\lambda = 40°$; $\mathbf{\mu = 140°}$; $o = 50°$; $\pi = 130°$

Gesamtwiederholung

Seite 80:

Nr. 1 513,80 Euro

Nr. 2 60 Schüler

Nr. 3 $\left(2\frac{1}{4} : \frac{3}{5}\right) - (4{,}72 - 2{,}89) = 1{,}92$

Nr. 4 um 7.35 Uhr

Nr. 5 a) 3,7666 b) $1\frac{3}{10}$

Nr. 6 a) 14 b) 1,22 c) 2,025

Nr. 7 $\frac{2}{9} < \frac{3}{10} < 0{,}35 < 0{,}\overline{35} < 0{,}3\overline{5}$

Nr. 8 4 Stahlrohre

Seite 81:

Nr. 1 a) 0,375 b) $0{,}\overline{5}$ c) 2,75

Nr. 2 365,50 Euro

Nr. 3 a) 2 056,7 c) 0,0455 e) 756,976
b) 13 470 d) 8,2275

Nr. 4 $\frac{3}{20}$ der Gesamtstrecke

Nr. 5 $\left(1\frac{1}{3} + 2\frac{1}{6}\right) \cdot \left(\frac{9}{21} - \frac{6}{42}\right) = 1$

Nr. 6 85 596,18 Euro

Nr. 7 $\frac{15}{27} > \frac{50}{108} > \frac{4}{9} > \frac{7}{18}$

Seite 82:

Nr. 1 b) $\overline{AB}$ = 10,1 cm; $\overline{BC}$ = 9,5 cm; $\overline{AC}$ = 12,2 cm
∢BAC = 47°; ∢CBA = 79°; ∢ACB = 54°

Nr. 2 $x = 3{,}09$

Nr. 3 $\frac{3}{10} < 0{,}\overline{30} < \frac{1}{3} < 0{,}34 < 0{,}\overline{34}$

Nr. 4 a) $\frac{3}{50}$ c) $\frac{2}{3}$
b) $\frac{3}{200}$ d) $2\frac{9}{20}$

Nr. 5 $(13{,}2 + 7{,}92) : \left(3{,}2 \cdot 1\frac{1}{4}\right) = 5{,}28$

Nr. 6 a) 1 056 m² b) 38,4 m lang

Nr. 7 $x = 4{,}57$

Nr. 8 2,8

Nr. 9 8 Rohre

Nr. 10 226,8 dm³

Seite 83:

Nr. 1 a) ggT = 6 b) kgV = 7 560

Nr. 2 a) $0{,}24 = \frac{6}{25}$ b) $1{,}05 = 1\frac{1}{20}$ c) $0{,}875 = \frac{7}{8}$

Nr. 3 b) $\overline{AB}$ = 3,5 cm; $\overline{BC}$ = 4,2 cm; $\overline{CD}$ = 3,5 cm;
$\overline{AD}$ = 8,1 cm
c) ∢BAD = 50°; ∢CBA = 136°; ∢DCB = 112°;
∢ADC = 62°

Nr. 4 a) $\frac{2}{5} < 0{,}40\overline{3} < 0{,}\overline{403} < 0{,}\overline{4}$
b) $\frac{8}{15} < \frac{3}{5} < \frac{2}{3} < \frac{7}{10}$

Nr. 5 1,884

Nr. 6 $\left(2\frac{1}{24} + 1\frac{31}{32}\right) \cdot \left(2\frac{1}{5} - 1\frac{2}{7}\right) = 3\frac{2}{3}$

Nr. 7 Herr Maronde: 6 400,– Euro / Frau Beckmann:
9 000,– Euro / Herr Völker: 8 600,– Euro

Nr. 8 95 385,6 m³

Nr. 9 a) $\frac{1}{2}$ b) $2\frac{9}{40}$ c) 87,895

Nr. 10 14 Stahlrohre

Nr. 11 $x = 0{,}056$